introdução ao cálculo e aplicações

Conselho Acadêmico
Ataliba Teixeira de Castilho
Carlos Eduardo Lins da Silva
José Luiz Fiorin
Magda Soares
Pedro Paulo Funari
Rosângela Doin de Almeida
Tania Regina de Luca

Proibida a reprodução total ou parcial em qualquer mídia
sem a autorização escrita da editora.
Os infratores estão sujeitos às penas da lei.

A Editora não é responsável pelo conteúdo da Obra,
com o qual não necessariamente concorda. O Autor conhece os fatos narrados,
pelos quais é responsável, assim como se responsabiliza pelos juízos emitidos.

Consulte nosso catálogo completo e últimos lançamentos em **www.editoracontexto.com.br**.

Rodney Carlos Bassanezi

introdução ao cálculo e aplicações

Copyright © 2015 do Autor

Todos os direitos desta edição reservados à
Editora Contexto (Editora Pinsky Ltda.)

Imagem de capa
Foto do autor
Montagem de capa
Gustavo S. Vilas Boas
Diagramação
Felipe Augusto Guedes da Silva
Preparação de textos
Lilian Aquino
Revisão
Daniela Marini Iwamoto

Dados Internacionais de Catalogação na Publicação (CIP)
Angélica Ilacqua CRB-8/7057

Bassanezi, Rodney Carlos
    Introdução ao cálculo e aplicações / Rodney Carlos Bassanezi. –
São Paulo : Contexto, 2015. 240 p. : il.

    Bibliografia
    ISBN 978-85-7244-909-0

    1. Matemática 2. Cálculo 3. Modelagem matemática I. Título

15-0881   CDD 510

Índice para catálogo sistemático:
1. Matemática

<u>2015</u>

EDITORA CONTEXTO
Diretor editorial: *Jaime Pinsky*

Rua Dr. José Elias, 520 – Alto da Lapa
05083-030 – São Paulo – SP
PABX: (11) 3832 5838
contexto@editoracontexto.com.br
www.editoracontexto.com.br

SUMÁRIO

1	**Introdução**	**8**
2	**Números**	**10**
	2.1 Noções gerais - notações	11
	2.2 Propriedade dos números racionais	14
	2.3 Operações com os números reais	18
	2.4 Intervalos reais	22
	2.5 Valor absoluto	23
3	**Funções**	**27**
	3.1 Noções gerais	28
	3.2 Gráfico de uma função	30
	3.3 Funções elementares	33
	3.3.1 Funções racionais	36
	3.3.2 Funções irracionais	37
	3.3.3 Distância entre dois pontos do plano $\mathbb{R}^2$	37
	3.3.4 Funções transcendentais	39
	3.3.5 Composição de funções	45
	3.3.6 Funções inversas	46
	3.3.7 Operações com funções	49
4	**Limites e Continuidade**	**52**
	4.1 Introdução histórica	53
	4.2 Sequências e assíntotas	55
	4.3 Limites	62
	4.4 Continuidade	67
	4.4.1 Alguns resultados importantes	72

Sumário

5 Derivada   **74**

   5.1 Variações 75

        5.1.1 Variações discretas 75

        5.1.2 Variações Contínuas 77

   5.2 Teoremas de derivação 84

        5.2.1 Regra da cadeia - aplicações 87

        5.2.2 Derivadas de funções inversas 89

   5.3 Exercícios de revisão para derivadas 97

6 Aplicações da Derivada   **109**

   6.1 Tangentes e normais 110

   6.2 Taxas relacionadas 114

   6.3 Máximos e mínimos 117

7 Integral   **142**

   7.1 Integral indefinida 143

        7.1.1 Propriedades da integral indefinida 145

   7.2 Integral definida 148

        7.2.1 Área 148

        7.2.2 A função logarítmo natural 155

8 Aplicações da Integral Definida   **168**

   8.1 Área entre duas curvas 169

   8.2 Volumes 172

   8.3 Comprimento de arco 179

   8.4 Área de superfície 182

9 Introdução à Modelagem Matemática   **187**

   9.1 A população brasileira e a frota de carros 188

        9.1.1 Modelo Malthusiano 190

        9.1.2 Modelo Logístico 193

   9.2 Corrida dos 100 metros rasos 198

   9.3 Criminalidade no ABCD 201

        9.3.1 Criminalidade em Diadema (SP) 202

        9.3.2 Criminalidade em São Caetano (SP) 204

Sumário

9.4 Fermentação 209

    9.4.1 Fase de *adaptação* dos microrganismos à massa do pão 210

    9.4.2 Fase de *aumento* da massa celular dos microrganismos presentes na massa do pão 211

    9.4.3 Fase de *estabilização* da massa celular dos microrganismos contidos na massa do pão 213

9.5 Modelo geral do crescimento em peso de humanos do sexo masculino . 217

    9.5.1 Crianças - de 0 a 200 dias 218

    9.5.2 Meninos - de 200 dias a 9 anos 222

    9.5.3 Jovens - de 9 a 20 anos 224

    9.5.4 Adultos - de 20 a 80 anos ou mais 226

10 Apêndice   230

10.1 Regra de L'Hôpital 231

10.2 Fórmula de Taylor 234

10.3 Simulação de provas 237

11 Referências   240

1 Introdução

A Matemática aparece em todos os currículos universitários dos cursos relacionados às Ciências Exatas. E, dentro dela, o Cálculo Diferencial e Integral constitui ferramenta básica para os estudantes (futuros profissionais), por ser usado na grande maioria das aplicações. Portanto, não é possível fazer faculdade de Engenharia, Arquitetura, Computação, Geologia, Física e até Química e Biologia, entre outras, sem estudar Cálculo Diferencial e Integral ou simplesmente Cálculo, como os alunos e professores chamam a matéria. De fato, não há dúvida de que as melhores universidades especializadas nas áreas de Exatas são as que têm os melhores cursos de Cálculo.

Contudo, a experiência mostra que essa matéria costuma ser o pesadelo dos alunos, sendo responsável por um alto índice de reprovação. Pesquisas mostram que a disciplina de Cálculo 1, a primeira do curso, é a mais problemática: a que reprova mais alunos e mais vezes. Não precisa ser assim. Não deve ser assim. É para ajudar os estudantes e facilitar seu aprendizado que este livro introdutório foi concebido em linguagem didática e repleto de exemplos ilustrativos.

Ele é resultado de um trabalho de mais de 40 anos de ensino desenvolvido em diversas universidades, sobretudo a Unicamp (Universidade Estadual de Campinas - SP), com um método constantemente aprimorado em função das necessidades concretas de alunos e professores, levando em conta a nossa realidade acadêmica. Esse método, já amplamente testado e bem-sucedido, lança mão de modelos matemáticos ligados a algum fenômeno real, obtidos quase sempre por meio de interpretações variacionais e suas consequências e propriedades. Assim, os exemplos de modelagem matemática com dados extraídos da realidade são utilizados como um primeiro treinamento para formulação de problemas e suas resoluções, ou seja, como motivação ao desenvolvimento do próprio Cálculo.

Aqui, neste livro, encontram-se as bases de um curso inicial de Cálculo, em que não há pré-requisitos monumentais para seu acompanhamento, pois se trata de uma continuação (e muitas vezes uma revisão, com um pouco mais de rigor) do programa

1 Introdução

de Matemática do ensino médio. De fato, Introdução ao Cálculo e aplicações pode servir a um planejamento de trabalho que abarca um período curto, de 45 a 60 horas dependendo da maneira e da profundidade com que se aborda cada tema.

Os exercícios e as aplicações, apresentados de forma gradativa e explorados com critério científico, além de ensinar Cálculo, atendem ao propósito de propiciar descobertas. Dessa forma, o texto também funciona como um motivador para trabalhos mais abrangentes, estimulando o leitor a continuar seus estudos sabendo empregar o cálculo diferencial e integral de uma variável. Descubra como o Cálculo pode ser um grande aliado.

2 Números

Cajueiro (foto do autor)

"*Os números, na simplicidade com que se apresentam, iludem, não raro, os mais atilados... Da incerteza dos cálculos é que resulta o indiscutível prestígio da Matemática.*"
Malba Tahan, *O Homem que Calculava*

2 Números

2.1 Noções gerais - notações

Toda vez que introduzimos um conceito novo em qualquer área da Matemática, devemos estabelecer as definições em termos de conceitos já conhecidos. Assim, para este primeiro curso de Cálculo admitiremos apenas a familiarização com a noção de conjunto, elemento de um conjunto, número e operações com os números (adição, subtração, multiplicação e divisão), além de conceitos elementares de geometria (área, volume etc.).

Usaremos alguns símbolos universais que simplificam as ideias:

$=$	igual	ϕ	vazio
$\neq$	diferente	∞	infinito
$\in$	pertence	$\Longrightarrow$	implicação
$\notin$	não pertence	$\Longleftrightarrow$	equivalência
$>$	maior	$\subset$	contido
$<$	menor	$\subsetneq$	contido propriamente
$\geq$	maior ou igual	$\sum$	somatória
$\leq$	menor ou igual	$\int$	integral
I	tal que	$\mathbb{N}$	números naturais
$\forall$	para todo	$\mathbb{Q}$	números racionais
$\exists$	existe	$\mathbb{R}$	números reais
$\nexists$	não existe	Z	números inteiros

O leitor já deve estar habituado com os números naturais, isto é, com o conjunto $\mathbb{N} = \{1, 2, 3, 4, ...\}$, assim como com as operações definidas em $\mathbb{N}$: adição ($+$) e multiplicação ($\times$ ou $\cdot$). Entretanto, uma caracterização formal dos números naturais foi dada por Peano,[1] que assumiu como "ideias primitivas" as noções de *números naturais*, *um* e *sucessor*, considerando os seguintes axiomas:

A_1. **Um** (1) é um número natural

$$1 \in \mathbb{N}$$

A_2. Todo número natural a tem um, e somente um, sucessor a^+

$$\forall a \in \mathbb{N} \Longrightarrow \exists \, a^+ \in \mathbb{N}$$

---

[1] Giuseppe Peano, logicista e matemático italiano, nasceu a 27 de agosto de 1858 em Cuneo, Saradinia. Estudou matemática na Universidade de Turim.

2 Números

A_3. 1 não é sucessor de nenhum número natural

$$\forall a \in \mathbb{N} \Longrightarrow a^+ \neq 1$$

A_4. Se dois números naturais tiverem sucessores iguais, então eles são iguais

$$\forall a, b \in \mathbb{N}, \ a^+ = b^+ \Longrightarrow a = b$$

A_5. Seja S um subconjunto de números naturais. Se 1 pertence a S e se o fato de $a \in S$ implicar que seu sucessor também pertence a S, então S é formado por todos os números naturais

$$[S \subseteq \mathbb{N}; 1 \in S; a \in S \Longrightarrow a^+ \in S] \Longrightarrow S = \mathbb{N}$$

Esses axiomas caracterizam o conjunto dos números naturais. O axioma A_5 estabelece o

Princípio da Indução Completa :

Dada uma proposição P, aplicável a $\mathbb{N}$*. Se, mediante um raciocínio matemático, for demonstrado que:*

1) P é verdadeira para o número 1;

2) Dado um número qualquer $a \in \mathbb{N}$*, se P é verdade implicar que P é verdade para* a^+ *então, P é verdade para todos os elementos de* $\mathbb{N}$*.*

Prova:

Seja $S = \{a \in \mathbb{N} \text{ tal que } P(a) \text{ é verdadeira}\}$;

Temos que $1 \in S$ pois $P(1)$ é verdadeira pela hipótese 1.

Seja $a \in S$, isto é, $P(a)$ é verdadeira. Então, pela hipótese 2 temos que $P(a^+)$ é verdadeira, logo, $a^+ \in S$. Considerando o axioma A_5, resulta que $S = \mathbb{N}$ e, segue-se que $P(a)$ é verdadeira para todo $a \in \mathbb{N}$.

Exemplo 1.

Vamos mostrar que a soma dos n primeiros números naturais é

$$P(n) = \frac{n(n+1)}{2} \tag{2.1.1}$$

1) $P(1) = \frac{1(1+1)}{2} = 1 \Longrightarrow P(1)$ é verdadeira;

2) Suponhamos que $1 + 2 + 3 + ... + a = \frac{a(a+1)}{2}$, isto é, $P(a)$ é verdadeira. Então,

$P(a^+) = (1 + 2 + 3 + ... + a) + a^+ = \frac{a(a+1)}{2} + a^+ = \frac{a \cdot a^+ + 2a^+}{2} = \frac{a^+(a^++1)}{2} = P(a^+) \Longrightarrow P(a^+)$ é verdadeira, e, portanto, $P(n)$ é verdadeira para todo $n \in \mathbb{N}$.

2 Números

Exercício Mostre que a soma dos quadrados dos primeiros n números naturais é dada pela fórmula

$$P(n) = \frac{n(n+1)(2n+1)}{6} \qquad (2.1.2)$$

Exercício Sejam a e r números naturais e seja o conjunto $A = \{a; a+r; a+2r; ...; a+nr\}$. Mostre que a soma dos elementos de A é dada por

$$S_n = (n+1)\left(a + \frac{nr}{2}\right)$$

O conjunto A é uma progressão aritmética de razão r.

No conjunto dos naturais $\mathbb{N}$ nem sempre está definida a operação subtração. De fato, não existe nenhum número natural n tal que

$$n + 3 = 1$$

Para resolver essa equação temos necessidade de ampliar o conjunto $\mathbb{N}$ com a introdução dos números negativos e do zero. Passamos, assim, ao conjunto dos números inteiros $\mathbb{Z}$:

$$\mathbb{Z} = \{..., -3, -2, -1, 0, 1, 2, 3, ...\}$$

Em $\mathbb{Z}$, além das operações de adição e multiplicação, temos também a *subtração*, isto é,

$$\forall a, b \in \mathbb{Z}, a - b = c \Longleftrightarrow a = b + c$$

Assim, podemos resolver a equação $n + 3 = 1$, ou seja, $n = 1 + (-3) = -2$.

Devemos observar que todo número natural é também inteiro, isto é,

$$\forall a \in \mathbb{N} \Rightarrow a \in \mathbb{Z}$$

Este fato é denotado por

$$\mathbb{N} \subset \mathbb{Z}$$

e dizemos que $\mathbb{N}$ é um subconjunto de $\mathbb{Z}$.

Outra operação conhecida é a *divisão* e no conjunto $\mathbb{Z}$ nem sempre é possível dividir. Por exemplo, não existe nenhum número inteiro que seja o resultado da divisão de 1 por 2 apesar de 1 e 2 serem números inteiros. Para possibilitar a resolução de

2 Números

um problema do tipo: "Qual o número x que multiplicado por 2 é igual a 1?", é necessário a ampliação do conjunto $\mathbb{Z}$ para o conjunto dos números racionais $\mathbb{Q}$, isto é, dos números que podem ser representados na forma $\frac{m}{n}$, onde m e n são números inteiros e $n \neq 0$. Assim:

$$\mathbb{Q} = \left\{ x \mid x = \frac{m}{n} ; n, m \in \mathbb{Z}, n \neq 0 \right\}$$

Observe que se $a \in \mathbb{Z}$, então podemos representá-lo por $\frac{a}{1} \in \mathbb{Q}$, ou seja,

$$\forall a \in \mathbb{Z} \Rightarrow a \in \mathbb{Q}$$

e portanto,

$$\mathbb{Z} \subset \mathbb{Q}$$

2.2 Propriedade dos números racionais

Sejam $\frac{p}{q}$ e $\frac{m}{n}$ dois números racionais, temos:

$$\frac{p}{q} = \frac{m}{n} \Longleftrightarrow p.n = q.m \tag{2.2.1}$$

Exemplo: $\frac{30}{7} = \frac{90}{21}$ pois $30.21 = 7.90 = 630$.

Consequência: Cada número racional pode ser representado por uma infinidade de maneiras, pois

$$\forall \frac{a}{b} \in \mathbb{Q}, \ \frac{a}{b} = \frac{r.a}{r.b} \quad \text{com } (r \in \mathbb{Z}, r \neq 0)$$

Se os números a, b são primos entre si, isto é, $mdc(a, b) = 1$, dizemos que $\frac{a}{b}$ é *irredutível* e representa todos os números racionais $\frac{r.a}{r.b}$, com $r \in \mathbb{Z}, r \neq 0$.

Obs.: O número racional $\frac{-p}{-q}$ é equivalente a $\frac{p}{q}$. Temos também que $\frac{p}{-q}$ é equivalente a $\frac{-p}{q}$.

As operações definidas no conjunto dos racionais $\mathbb{Q}$, bem conhecidas do leitor, são:

Adição:

$$\frac{p}{q} + \frac{m}{n} = \frac{np + mq}{qn} \tag{2.2.2}$$

Subtração:

$$\frac{p}{q} - \frac{m}{n} = \frac{np - mq}{qn} \tag{2.2.3}$$

2 Números

OBS.: Se $\frac{p}{q} \in \mathbb{Q}$ e $p \neq 0$, então existe $\frac{x}{y} \in \mathbb{Q}$ tal que $\frac{p}{q} + \frac{x}{y} = 0 \in \mathbb{Q}$. De fato, basta tomar $\frac{x}{y} = \frac{-p}{q}$, pois

$$\frac{p}{q} + \frac{-p}{q} = \frac{pq - pq}{q^2} = \frac{p - p}{q} = \frac{0}{q}$$

Dizemos que $0 = \frac{0}{q} \in \mathbb{Q}, (q \neq 0)$ é o *elemento neutro da adição* em $\mathbb{Q}$ e $\frac{-p}{q}$ é o *elemento oposto* de $\frac{p}{q}$.

Multiplicação:

$$\frac{p}{q} \times \frac{m}{n} = \frac{pm}{qn} \qquad (2.2.4)$$

OBS.: Se $\frac{p}{q} \in \mathbb{Q}$ e $p \neq 0$ então existe $\frac{x}{y} \in \mathbb{Q}$ tal que $\frac{p}{q} \times \frac{x}{y} = 1 \in \mathbb{Q}$. De fato, basta tomar $\frac{x}{y} = \frac{q}{p}$, pois

$$\frac{p}{q} \times \frac{q}{p} = \frac{pq}{pq} = 1$$

$\frac{q}{p}$ é denominado *inverso* de $\frac{p}{q}$ e reciprocamente. *O elemento neutro da multiplicação* $1 \in \mathbb{Q}$ é definido por $1 = \frac{a}{a}, a \in \mathbb{Z}, a \neq 0$.

Divisão:

$$\frac{p}{q} \div \frac{m}{n} = \frac{p}{q} \times \frac{n}{m} = \frac{pn}{qm} \quad \text{com } (p, m \neq 0) \qquad (2.2.5)$$

Obs.: Todo número racional $\frac{p}{q}$ pode ser escrito na forma $p \cdot \frac{1}{q}$, e assim $0 \in \mathbb{Q}$ pode ser dado por $0 = 0 \cdot \frac{1}{q} = \frac{0}{q}$ e, $\frac{0}{q}$ não tem inverso, isto é, não existe $x \in \mathbb{Q}$ tal que $\frac{0}{q} \cdot x = 1$.

Podemos representar os números racionais geometricamente por pontos de uma reta: Consideramos uma reta onde fixamos um ponto O ao qual chamaremos de *origem* e adotamos uma unidade de medida de comprimento μ. Os números inteiros são múltiplos dessa unidade μ e os números racionais são partes fracionárias desta unidade; por exemplo, o número $\frac{13}{5}$ tem em correspondência nessa reta a distância $2\mu + \frac{3}{5}\mu$. Assim, dado um número positivo x, podemos representá-lo por um ponto M da reta, situado à direita da origem, tal que o segmento $\overline{OM}$ tenha por medida o número $x\mu$. O número negativo $-x$ (oposto de x) é representado pelo ponto N da reta, situado à esquerda da origem O, tal que o segmento $\overline{NO}$ tenha por medida o número $x\mu$. Os números x e $-x$ dizem-se simétricos desde que seus pontos representantes na reta M e N sejam simétricos em relação à origem.

2 Números

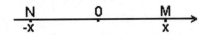

Fig.1.1 - Representação geométrica dos números reais

Dessa forma, a cada número racional corresponde um único ponto da reta.

Pergunta: Dada uma unidade de medida de comprimento μ, a cada ponto da reta podemos também fazer corresponder um número racional? Ou, em outras palavras: todo ponto da reta é imagem de um número racional quando temos uma unidade de comprimento fixa?

A resposta é negativa, uma vez que existem pontos da reta que não são correspondentes de números racionais.

Exemplo: Consideremos o quadrado cujo lado mede uma unidade de medida μ. Se d é a medida de sua diagonal, podemos escrever, conforme o Teorema de Pitágoras:

$$d^2 = 1^2 + 1^2 = 2$$

O número positivo cujo quadrado é 2 é, por definição, a *raiz quadrada* de 2, denotado por $\sqrt{2}$, ou seja, $d = \sqrt{2}$.

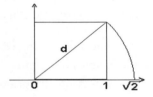

Fig.1.2 - Representação geométrica do número raiz de 2

Consideremos na reta, à direita da origem, o ponto M tal que o comprimento do segmento $\overline{OM}$ seja igual a d (diagonal do quadrado). Esse ponto M é, de acordo com a representação descrita, a imagem do número $d = \sqrt{2}$.

o Vamos mostrar que o número $\sqrt{2}$ **não** é racional:

Definição 1. *Um número inteiro x é par se puder ser escrito na forma $x = 2z$ para algum número inteiro z. Assim, o conjunto dos números pares P é*:

$$P = \{0; \pm 2; \pm 4; \pm 6..\} \tag{2.2.6}$$

2 Números

Um número inteiro é ímpar se não for par, portanto, é da forma $y = 2z + 1$ para algum z inteiro.

Proposição 1. *Dado um número inteiro a, então a é par se, e somente se, a^2 é par, isto é,*

$$a = 2z \Longleftrightarrow a^2 = 2k \text{ , com } z,k \in \mathbb{Z}$$

Demonstração. ($\Rightarrow$) Suponhamos que $a = 2z \Longrightarrow a^2 = 4z^2 = 2(2z^2) \Longrightarrow a^2$ é par.

($\Leftarrow$) Reciprocamente, se a^2 é par $\Rightarrow a^2 = 2m \Rightarrow a.a = 2m \Rightarrow a = 2.\frac{m}{a} \in \mathbb{Z} \Rightarrow a = \pm 2$ ou $\frac{m}{a} = n \in \mathbb{Z} \Rightarrow a$ é par. $\qquad\qquad\square$

Para demonstrar que $\sqrt{2}$ não é racional, fazemos por absurdo:

Vamos supor que $\sqrt{2}$ seja racional, então, podemos escrever $\sqrt{2} = \frac{m}{n}$ ($m, n \in \mathbb{Z}; n \neq 0$), considerando a fração $\frac{m}{n}$ na forma irredutível. Logo,

$$2 = \frac{m^2}{n^2} \Rightarrow m^2 = 2n^2 \Longrightarrow m \text{ é par (conforme Prop. 1)}$$

Como m é par, existe um número inteiro p tal que $m = 2p$, logo,

$$m^2 = (2p)^2 = 2n^2 \Longrightarrow 2p^2 = n^2 \Longrightarrow n \text{ é par}$$

Então, se n e m são pares, a fração $\frac{m}{n}$ não é irredutível conforme hipótese inicial, absurdo.

Portanto, temos que admitir que $\sqrt{2}$ não pode ser escrito na forma de um número racional, ou seja, $\sqrt{2}$ não é racional.

Concluimos, então que existem pontos na reta que não são correspondentes de números racionais. Tais pontos representam geometricamente os números denominados irracionais $\mathcal{L}$. Usualmente é difícil descobrir se um número é racional ou irracional, embora se saiba que existem mais irracionais que racionais. De qualquer maneira, todo ponto da reta é imagem de um número racional ou irracional. A união dos racionais e irracionais constituem os chamados *números reais* $\mathbb{R}$.

$$\mathbb{R} = \mathbb{Q} \cup \mathcal{L}$$

Pelo que acabamos de ver, conclui-se que existe uma correspondência biunívoca entre os números reais e os pontos de uma reta orientada, isto é, para cada ponto da reta existe um único número real e vice-versa.

2 Números

Se um ponto P e um número real x se correspondem, dizemos que x é a *coordenada* de P. É cômodo, em muitos casos, identificar o ponto P com sua coordenada x e usar a linguagem geométrica no tratamento de questões numéricas. Nessas condições, dizemos "o ponto x" em vez de "o número x" e "a reta real $\mathbb{R}$" em vez de "o conjunto dos números reais $\mathbb{R}$".

2.3 Operações com os números reais

Sabemos que no conjunto $\mathbb{R}$ estão definidas duas operações fundamentais: a *adição*, que, a cada par de números $x, y \in \mathbb{R}$ associa sua *soma* $x+y$, e a *multiplicação* que associa seu *produto* $x.y$.

Essas operações definidas em $\mathbb{R}$ têm as seguintes propriedades:

A_1) Adição é comutativa:

$$x + y = y + x$$

A_2) A adição é associativa:

$$x + (y + z) = (x + y) + z$$

A_3) Existe um elemento (zero) 0 em $\mathbb{R}$ tal que, para todo $x \in \mathbb{R}$,

$$0 + x = x$$

A_4) Para todo $x \in \mathbb{R}$, existe (elemento oposto) $-x \in \mathbb{R}$ tal que

$$x + (-x) = -x + x = 0$$

M_1) A multiplicação é comutativa:

$$x.y = y.x$$

M_2) A multiplicação é associativa:

$$x.(y.z) = (x.y).z$$

M_3) Existe um elemento (unidade) 1 em $\mathbb{R}$ tal que para todo $x \in \mathbb{R}$

$$1.x = x$$

2 Números

M_4) Para todo $x \in \mathbb{R}, x \neq 0$ existe (elemento inverso) $x^{-1} = \frac{1}{x} \in \mathbb{R}$, tal que

$$x.x^{-1} = x^{-1}.x = 1$$

D) A multiplicação é distributiva relativamente à adição:

$$x.(y + z) = x.y + x.z$$

Agora, a partir das propriedades das operações fundamentais, podemos definir suas operações inversas:

Subtração: É a "operação" inversa da adição

$$\forall x, y \in \mathbb{R}, \; x - y = z \Longleftrightarrow x = z + y$$

Podemos observar que esta operação sempre tem solução em $\mathbb{R}$ pois em $(z + y = x)$ somamos o número $(-y)$ em ambos os membros e obtemos;

$$z + y + (-y) = x + (-y) \Longleftrightarrow z + 0 \Rightarrow x + (-y) \Longleftrightarrow z = x - y$$

O número z é chamado *diferença* entre x e y.

Divisão: É a "operação" inversa da multiplicação

$$\forall x, y \in \mathbb{R}, \; x \div y = z \Longleftrightarrow x = z.y$$

z pode ser dado por $z = x.y^{-1}$ que está sempre definido quando $y \neq 0$.

Exercícios

1. Prove que $\sqrt{3}$ é um número irracional.

2. Verifique se $\left(\sqrt{3} - \sqrt{2} \right)^3 = 9\sqrt{3} - 11\sqrt{2}$.

3. Sejam $a, b, c, d \in \mathbb{Q}$. Suponhamos que $b > 0$ e $d > 0$ não sejam quadrado-perfeitos, então, mostre que

$$a + \sqrt{b} = c + \sqrt{d} \Longrightarrow (a = c) \text{ e } (b = d)$$

4. Prove, usando indução completa, que se $n \in \mathbb{N}$,

$$(x.y)^n = x^n.y^n$$

5. Mostre que, para todos números reais x, y, z,

2 Números

- a) $x(y - z) = xy - yz$

- b) $x.0 = 0$

- c) $x + y = x + z \Longrightarrow y = z$

6. Mostre que se $x.y = 0$, então $x = 0$ ou $y = 0$.

7. Mostre que

$$\sum_{n=1}^{k} n^2 = \frac{k(k+1)(2k+1)}{6}$$

Desigualdades

Um número $a \in \mathbb{R}$ é *positivo* se $a \neq 0$ e pode ser representado geometricamente sobre a reta à direita da origem.

Notação: $a > 0$ (lê-se a maior que zero).

Os números positivos gozam das seguintes propriedades fundamentais:

P_1. Se $a > 0$ e $b > 0$, então $a + b > 0$ e $ab > 0$.

P_2. Se $a \in \mathbb{R}$, então $a = 0$ ou $a > 0$ ou $-a > 0$.

Se $a \in \mathbb{R}$, $a \neq 0$ e a não é positivo, dizemos que a é *negativo* e escrevemos $a < 0$.

Obs.: Conforme a propriedade P_2, se um número x é negativo, então $-x$ é positivo e, reciprocamente, isto é,

$$x < 0 \Longleftrightarrow -x > 0$$
$$x > 0 \Longleftrightarrow -x < 0$$

Definição: Sejam a e b números reais, dizemos que a *é maior que* b se $a - b > 0$.

Notação: $a > b$.

Neste caso, dizemos que b *é menor que* a e escrevemos $b < a$.

Uma relação entre dois números expressa pelo símbolo $<$ (ou $>$) diz-se uma desigualdade. O cálculo das desigualdades baseia-se nas seguintes propriedades:

1) $\forall a, b \in \mathbb{R}$, $a > b$ ou $a = b$ ou $a < b$.

2 Números

Prova: Decorre imediatamente de P_2, pois

$$a - b = 0 \Rightarrow a = b \ \text{ ou}$$
$$a - b > 0 \Rightarrow a > b \ \text{ ou}$$
$$-(a - b) > 0 \Rightarrow -a > b$$

2) Se $a > b$ e $b > c \Rightarrow a > c$

Prova: Temos que $a - b > 0$ e $b - c > 0$, então pela P_1, tem-se $(a - b) + (b - c) > 0 \Rightarrow$ $a - (b - b) - c > 0$, ou seja, $a - c > 0 \Longleftrightarrow a > c$.

3) Se $a > b$, então $a + c > b + c$ para todo $c \in \mathbb{R}$

Prova: Temos $a - b > 0 \Rightarrow (a + c) - (b + c) > 0 \Rightarrow (a + c) > (b + c)$

4) Se $a > b$ e $c > 0$, então $ac > bc$

Prova: Temos $a - b > 0$ e $c > 0 \Rightarrow (a - b)c > 0 \ (Cf. \ P_1) \Rightarrow ac - bc > 0 \Rightarrow ac > bc$.

Outras propriedades são deixadas como exercício.

Exercícios: Mostre que:

1) Se $a > b$ e $c < 0 \Rightarrow ac < bc$.

2) Se $a < b$ e $b < c \Rightarrow a < c$.

3) Se $a < b$ e $c > 0 \Rightarrow ac < bc$.

4) Se $a < b \Rightarrow a + c < b + c, \forall c \in \mathbb{R}$.

5) Se $a < b$ e $c < 0 \Rightarrow ac > bc$.

6) Se $a > 1 \Rightarrow a^{-1} < 1$.

7) Se $a > 0 \Rightarrow a^{-1} > 0$.

8) Se $a > 0$ e $b > 0 \Rightarrow ab > 0$.

9) Se $a < 0$ e $b < 0 \Rightarrow ab > 0$.

10) $a > 0$ e $b < 0 \Rightarrow ab < 0$.

Exemplos de aplicação: a) Encontrar os números reais que satisfazem a desigualdade

$$2x - \frac{3}{2} > 1 \tag{2.3.1}$$

Solução: Somando $\frac{3}{2}$ a ambos os membros da desigualdade 2.3.1 (cf. propriedade 3), temos $2x > 1 + \frac{3}{2} \Longleftrightarrow 2x > \frac{5}{2}$. Agora, multiplicando ambos os membros por $\frac{1}{2} > 0$, temos (cf. prop. 4) que $x > \frac{5}{4}$.

2 Números

b) Mostrar que todo número real x que satisfaz a desigualdade

$$x > 1$$

também satisfaz

$$\frac{x+3}{x-1} > 0$$

Solução: Se $x > 1 \Rightarrow x - 1 > 0 \Rightarrow (x-1) + 4 > 4 > 0 \Rightarrow x + 3 > 0$.

Agora, $\frac{x+3}{x-1} = (x+3)(x-1)^{-1} > 0$, pois o produto de dois números positivos é positivo (Cf. exercício 8) e, portanto, $\frac{x+3}{x-1} > 0$.

Observamos que a recíproca não é verdadeira, de fato:

$\frac{x+3}{x-1} > 0 \iff [(x+3) > 0 \text{ e } (x-1) > 0]$ ou $[(x+3) < 0 \text{ e } (x-1) < 0]$. Assim, se considerarmos o segundo termo entre colchetes, temos $[(x+3) < 0 \text{ e } (x-1) < 0] \iff x < -3$ e $x < 1 \Rightarrow x < -3$.

Logo, $\frac{x+3}{x-1} > 0 \not\Rightarrow x > 1$.

Uma propriedade que distingue os números racionais dos inteiros é que entre duas frações distintas, mesmo bem próximas, podemos sempre encontrar uma outra diferente delas. Basta tomar a média entre elas:

$$\text{Se } \frac{a}{b} < \frac{c}{d} \text{ então } \frac{a}{b} < \frac{ad+bc}{2bd} < \frac{c}{d} \quad \text{(verifique!)}$$

2.4 Intervalos reais

Sejam a e b números reais distintos e supondo que $a < b$, o conjunto de todos os números reais x compreendidos entre a e b é denominado *intervalo aberto* de extremidade inferior a e extremidade superior b, e denotado por (a,b).

$$(a,b) = \{x \in \mathbb{R} \mid a < x < b\} \tag{2.4.1}$$

Se as extremidades pertencem ao intervalo, será denominado *intervalo fechado* e denotado por $[a,b]$,

$$[a,b] = \{x \in \mathbb{R} \mid a \leq x \leq b\} \tag{2.4.2}$$

Definimos ainda os intervalos semiabertos:

$$[a,b) = \{x \in \mathbb{R} \mid a \leq x < b\} \tag{2.4.3}$$

2 Números

$$(a, b] = \{x \in \mathbb{R} \mid a < x \leq b\}$$

e os intervalos infinitos ou semirretas:

$$[a, +\infty) = \{x \in \mathbb{R} \mid a \leq x\}$$

$$(-\infty, a] = \{x \in \mathbb{R} \mid x \leq a\}$$

$$(a, +\infty) = \{x \in \mathbb{R} \mid a < x\} \tag{2.4.4}$$

$$(-\infty, a) = \{x \in \mathbb{R} \mid x < a\}$$

O símbolo ∞ lê-se infinito e não representa nenhum número real.

A reta toda, isto é, o conjunto $\mathbb{R}$ dos números reais, pode ser também expressa como um intervalo infinito:

$$\mathbb{R} = (-\infty, +\infty)$$

2.5 Valor absoluto

Já vimos que a cada $x \in \mathbb{R}$ corresponde um ponto M da reta orientada. Quando $x > 0$, então M está à direita da origem e O estará à esquerda quando $x < 0$. Quando $x = 0$, então M é a origem. Em qualquer caso podemos falar da distância de M à origem O, que é a *medida* do comprimento do segmento $\overline{OM}$ segundo a unidade μ adotada. Dessa forma, a distância será sempre positiva, sendo nula apenas quando $M = O$.

Chamaremos de *valor absoluto ou módulo* de $x \in \mathbb{R}$, e indicamos com o símbolo $|x|$, a distância do ponto M (representante do número x) à origem, isto é,

$$|x| = \begin{cases} x & \text{se } x \geq 0 \\ -x & \text{se } x < 0 \end{cases}$$

Portanto, $|x| \geq 0$ qualquer que seja $x \in \mathbb{R}$, e $|x| = 0 \Longleftrightarrow x = 0$.

Exemplo: $|3| = 3$ e $|-3| = 3$

Exemplo: $|1 - \pi| = -(1 - \pi) = \pi - 1 = |\pi - 1|$

Proposição 2. *Para todo* $x \in \mathbb{R}$, *temos* $|x| = |-x|$

2 Números

Demonstração: Se $x > 0$, então $-x < 0 \Rightarrow |-x| = -(-x) = x = |x|$.
Se $x < 0$, então $-x > 0 \Rightarrow |-x| = -x = |x|$

Proposição 3. *Para todo* $x \in \mathbb{R}$,

$$|x|^2 = x^2 \ e \ |x| = \sqrt{x^2}$$

Demonstração: Se $x \geq 0$, então $|x| = x \Rightarrow |x|^2 = x^2$
Se $x < 0$, então $|x| = -x \Rightarrow |x|^2 = (-x)^2 = x^2$
Portanto, em ambos os casos, tomando-se a raiz quadrada (positiva), temos

$$|x| = \sqrt{x^2}$$

Proposição 4. *Se* $x, y \in \mathbb{R}$, $|xy| = |x||y|$

Demonstração: usando a Proposição anterior temos
$|xy| = \sqrt{(xy)^2} = \sqrt{x^2 y^2} = \sqrt{x^2}\sqrt{y^2} = |x||y|$.

Proposição 5. *Se* $x, y \in \mathbb{R}$, *então*

$$\big||x| - |y|\big| \leq |x + y| \leq |x| + |y|$$

Demonstração: Temos que para todo par de números reais $x, y \in \mathbb{R}$
$$x.y \leq |xy| = |x||y| \ e, \ portanto, \ 2x.y \leq 2|xy|$$
Consideremos
$$(x + y)^2 = x^2 + 2xy + y^2 \leq x^2 + 2|x||y| + y^2 = x^2 + 2|x||y| + y^2 = \big(|x| + |y|\big)^2$$
Logo, $(x + y) \leq |x| + |y|$, o que prova a segunda parte da desigualdade.
Por outro lado, temos

$$|x| = |x + y - y| \leq |x + y| + |-y| = |x + y| + |y|$$

$$\Longrightarrow |x| - |y| \leq |x + y|$$

Analogamente, mostra-se que

$$|y| - |x| \leq |x + y|$$

Portanto,

$$\big||x| - |y|\big| \leq |x + y|$$

2 Números

Exemplo: Determinar os valores de x que satisfazem a desigualdade

$$\left|x + \sqrt{2}\right| > 1$$

Solução: Se $x + \sqrt{2} \geq 0 \Rightarrow \left|x + \sqrt{2}\right| = x + \sqrt{2}$ e, portanto, $\left|x + \sqrt{2}\right| > 1 \Leftrightarrow x + \sqrt{2} > 1 \Rightarrow x > 1 - \sqrt{2}$

Se $x + \sqrt{2} < 0 \Rightarrow \left|x + \sqrt{2}\right| = -\left(x + \sqrt{2}\right)$ e, portanto, $\left|x + \sqrt{2}\right| > 1 \Leftrightarrow -\left(x + \sqrt{2}\right) > 1 \Rightarrow -x > 1 + \sqrt{2}$

Assim, os valores de x devem satisfazer as duas desigualdades

$$x + \sqrt{2} < 0 \Rightarrow x < -\sqrt{2}$$
$$-x > 1 + \sqrt{2} \Rightarrow x < -1 - \sqrt{2}$$

Logo, as duas desigualdades são satisfeitas se

$$x < -1 - \sqrt{2}$$

Juntando os dois casos, podemos concluir que

$$\left|x + \sqrt{2}\right| > 1 \iff \left[x < -1 - \sqrt{2}\right] \text{ ou } \left[x > 1 - \sqrt{2}\right]$$

Fig.1.3 - Solução da desigualdade

Consequência: $\left|x + \sqrt{2}\right| \leq 1 \iff -1 - \sqrt{2} \leq x \leq 1 - \sqrt{2}$

Exercícios

Resolva as desigualdades
1) $(x + 1).(x - 1) \leq 0$
2) $\frac{x+1}{x^2} > 0$
3) $|x - 3| \leq 2$

2 Números

4) $|x - 2| \leq |x + 3|$

5) Mostre que $|x^n| = |x|^n$, $n \in \mathbb{N}$.

6) Verifique se, para todo par $x, y \in \mathbb{R}$, vale

$$|x - y| \leq |x + y|$$

Obs.: Podemos definir a distância entre dois pontos x_1 e x_2 da reta $\mathbb{R}$ por:

$$d(x_1, x_2) = |x_1 - x_2|$$

Desta forma, o conjunto dos pontos cuja distância de um ponto dado x_0 é menor que um valor r coincide com o intervalo aberto $(x_0 - r, x_0 + r)$, isto é,

$$d(x, x_0) = |x - x_0| < r \Leftrightarrow x \in (x_0 - r, x_0 + r) \tag{2.5.1}$$

O intervalo $(x_0 - r, x_0 + r)$ é denominado vizinhança de x_0 de raio r.

3 Funções

Agave florida (foto do autor)

"...eu ataquei o problema da catenária, que ainda não tinha tentado, e com minha chave [o Cálculo Diferencial] alegremente abri seu segredo."

G. W. Liebnitz - *Acta eruditorium* (1690)

3 Funções

3.1 Noções gerais

Definição 2. *Uma* função *(real de variável real) é uma regra f que a cada número real x de algum subconjunto $A \subset \mathbb{R}$ associa outro número real y, de maneira única e sem excessão.*

Notação: $f : A \longrightarrow \mathbb{R}$,
$$x \longmapsto y = f(x)$$
E lê-se: a função f está definida no conjunto A com valores reais. O conjunto A é chamado *domínio* de f e denotado por $A = dom(f)$; x é a *variável independente* e $y = f(x)$ é o valor de f no ponto x ou *variável dependente*.

A ideia fundamental de função é que, conhecido o valor da variável independente, fica bem determinado o valor de $y = f(x)$.

O conjunto
$$\mathrm{Im}_A(f) = \left\{ y \in \mathbb{R} \ \middle|\ \exists x \in A, \ y = f(x) \right\} = f(A)$$

é denominado *imagem* de A pela função f. A imagem do domínio de f é simplesmente denotada por $\mathrm{Im}(f)$, isto é, $\mathrm{Im}(f) = f(dom(f))$

Exemplos:

1. A área de um quadrado depende do comprimento do seu lado, isto é, a cada valor do lado do quadrado corresponde um único valor da área deste. Desde que a área y de um quadrado de lado x é x^2, podemos escrever

$$y = x^2$$

2. Se a cada valor de x associarmos seu módulo, temos a função

$$|.| : \mathbb{R} \to \mathbb{R}$$

$$x \mapsto y = |x|$$

A imagem de $\mathbb{R}$ pela função módulo $|.|$ é o conjunto dos números reais não negativos $\mathbb{R}^+$.

3. Se associarmos a cada valor real $x \neq 0$ o seu inverso $\frac{1}{x}$, isto é, $y = f(x) = \frac{1}{x}$, então o domínio de f é o conjunto $A = \mathbb{R} - \{0\}$ e sua imagem é $I = \left\{ y \in \mathbb{R} \ \middle|\ y = f(x) = \frac{1}{x} \right\} = \mathbb{R} - \{0\}$.

4. Seja $f : \mathbb{R} \to \mathbb{Z}$ definida por $f(x) = [x]$, onde $[x]$ significa o maior inteiro menor ou igual a x. Nesse caso, $dom(f) = \mathbb{R}$ e $\mathrm{Im}(f) = \mathbb{Z}$.

3 Funções

Obs.: Quando nos referimos a uma função sem declarar explicitamente seu domínio, estaremos considerando este como sendo o conjunto de todos os números reais x tais que exista o número real $f(x)$, obtido pela regra que define a função f.

Podemos observar também que em alguns exemplos dados as funções foram representadas por meio de equações algébricas (ou fórmulas). As funções dadas por fórmulas ou equações algébricas são mais simples de se manejar. Entretanto, nem todas as funções podem ser representadas dessa maneira (vide exemplo 4).

5. Seja $f(x) = \begin{cases} x-1 & \text{se } x > 1 \\ 1 & \text{se } x = 1 \\ x+1 & \text{se } x < 1 \end{cases}$

Essa regra define perfeitamente a função f, cujo domínio é $\mathbb{R}$ e $\text{Im}(f) = \mathbb{R}$. Nesse caso, a função é dada por fórmulas, mas não existe uma fórmula única que sirva para todo o domínio da função.

6. Seja a função $f : \mathbb{R} \longrightarrow \{0, 1\}$ definida por

$$f(x) = \begin{cases} 0 & \text{se } x \text{ é racional} \\ 1 & \text{se } x \text{ é irracional} \end{cases}$$

7. Se a cada $x \in \mathbb{R}$ associamos $y \in \mathbb{R}$ tal que $y^2 = x$ obtemos uma regra que *não define uma função em* $\mathbb{R}$, uma vez que para um mesmo valor de x podemos associar até dois valores distintos para y. Por exemplo, para $x = 9$ podemos associar os números $y = 3$ ou $y = -3$.

Entretanto, se considerarmos o domínio de f como sendo o conjunto unitário $A = \{0\}$, então existe um único $y \in \mathbb{R}$ tal que $y^2 = 0$ e, neste caso, f seria uma função com $dom(f) = \text{Im}(f) = \{0\}$.

8. Se $f : \mathbb{N} \to \mathbb{R}$, então f é denominada uma **sequência** e é denotada por $f(n) = \{x_n\}$.

3 Funções

Exemplos:

$$x_n = \frac{1}{n} \Longrightarrow \{x_n\} = \left\{1, \frac{1}{2}, \frac{1}{3}, ..., \frac{1}{n}, \frac{1}{n+1}, ...\right\}$$

$$x_n = \frac{n}{1+n^2} \Longrightarrow \{x_n\} = \left\{\frac{1}{2}, \frac{2}{5}, \frac{3}{10}, ..., \frac{n}{1+n^2}, ...\right\}$$

$$x_n = \frac{1}{1+\frac{1}{n}} \Longrightarrow \{x_n\} = \left\{\frac{1}{2}, \frac{2}{3}, \frac{3}{4}, ..., \frac{n}{n+1}, ...\right\}$$

$$x_n = 5^{\frac{1}{2n}} \Longrightarrow \{x_n\} = \left\{\sqrt{5}, \sqrt{\sqrt{5}}, ..., \sqrt[2n]{5}, ...\right\}$$

$$x_n = \left\{ \begin{array}{l} -1 \text{ se } n \text{ é ímpar} \\ 1 \text{ se } n \text{ é par} \end{array} \right. = (-1)^n$$

3.2 Gráfico de uma função

Já vimos que existe uma correspondência biunívoca entre os números reais e os pontos de uma reta. Tomemos agora uma segunda reta do plano, passando pela origem da primeira e que seja perpendicular a esta. Podemos também fazer corresponder a cada ponto dessa segunda reta um, e somente um, número real, de maneira análoga ao que já foi feito anteriormente. Na reta vertical, os pontos que estão acima da origem são correspondentes aos números reais positivos e os abaixo correspondem aos negativos. A reta horizontal é denominada *eixo-x* ou das **abscissas** e a vertical *eixo-y* ou das **ordenadas**. Essas retas constituem um sistema denominado **coordenadas cartesianas** do plano $\mathbb{R}^2$, determinado pelos eixos coordenados (abscissa e ordenada).

Dado um par de números reais a, b existe um, e somente um, ponto do plano $\mathbb{R}^2$ com abscissa a e ordenada b. Para determinar tal ponto, basta considerar a intersecção de duas retas, uma paralela ao $eixo-y$ passando pelo ponto a do $eixo-x$, e outra paralela ao $eixo-x$ passando pelo ponto b do $eixo-y$. Tal ponto será denotado por $P(a, b)$.

3 Funções

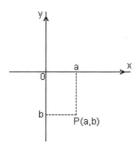

Fig.2.1-Representação de um ponto no sistema de eixos coordenados

Reciprocamente, dado um ponto qualquer do plano $\mathbb{R}^2$, podemos sempre determinar univocamente suas coordenadas — basta traçar retas paralelas aos eixos coordenados, passando pelo ponto dado.

Definição: Seja f uma função real. Definimos o *gráfico de f* como o conjunto dos pares $(x, f(x))$ do plano $\mathbb{R}^2$, correspondentes a todos os números x do domínio de f,

$$Graf(f) = \{(x, f(x));\ x \in dom(f)\} = \left\{(x,y) \in \mathbb{R}^2 \,\middle|\, y = f(x)\right\}$$

O gráfico é uma "imagem geométrica" da função, que pode fornecer várias propriedades dela, tornando-se um elemento de grande utilidade para seu estudo. Para construir o gráfico de uma função $f(x)$, podemos determinar os pares $(x, f(x))$ para alguns valores de $x \in dom(f)$. O gráfico de uma função f é, muitas vezes, uma curva do plano, que poderá ser desenhada com mais perfeição quanto maior for o número de pontos empregados e quanto mais próximos estiverem entre si.

Exemplos 1. Seja $f(x) = -x + 2$ para $x \in [-1, 3]$.

Podemos inicialmente determinar uma tabela de valores dos pares $(x, f(x))$ e situá-los no plano $\mathbb{R}^2$:

x	$f(x)$
-1	3
0	2
0,5	1,5
1	1
2	0
3	-1

3 Funções

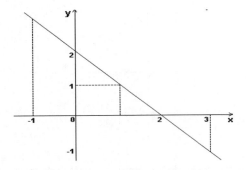

Fig.2.2-Representação gráfica da reta

Observamos que a função $g(x) = -x+2$ (definida em todo $\mathbb{R}$), apesar de ter a mesma expressão da função $f(x)$ anterior, difere desta porque seus domínios são distintos. O domínio de f, que é o intervalo $[-1, 3]$ está contido no domínio de g que é a reta toda. Assim, podemos dizer que $g(x) = f(x)$ se $x \in [-1, 3]$. Para expressar situações deste tipo dizemos que a função f é uma *restrição de g* ao intervalo $[-1, 3]$.

2. Seja $f(x) = x^2$, o gráfico da restrição de f ao intervalo $[-2, 2]$ é uma parábola

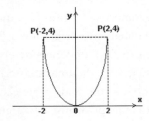

Fig. 2.3-Gráfico da parábola definida por f

O gráfico de uma função é muito útil para o estudo de suas propriedades, pois sintetiza-as numa figura, e, vice-versa, o estudo de uma função fornece elementos que facilitam a construção de seu gráfico, além de dar informações precisas sobre o mesmo.

Um dos objetivos deste tópico é fornecer os elementos que relacionam as funções e seus gráficos e que facilitam as suas construções sem a necessidade de desenhá-los ponto a ponto como é feito num computador.

Observamos que nem todas as funções reais podem ter seus gráficos desenhados (vide Exemplo 6).

3 Funções

Exercícios: 1. Verifique quais das relações nos dão y como função de x. Determine seus domínios e imagens.

a) $y = x^2 - 1$

b) $y = |x - 3|$

c) $y = x^{\frac{3}{2}}$

d) $y = \sqrt{x}$

e) $y = \sqrt{25 - x^2}$

f) $y^2 = 1 - x^2$

2. Esboce os gráficos das seguintes funções:

g) $f(x) = \frac{|x|}{x}$

h) $f(x) = \begin{cases} x^2 & \text{se } x \geqslant 0 \\ -x^2 & \text{se } x < 0 \end{cases}$

i) $f(x) = [x]$

j) $f(x) = senx$

3.3 Funções elementares

Função elementar é aquela que pode ser representada por uma única fórmula do tipo $y = f(x)$.

As funções elementares podem ser classificadas como funções algébricas e funções transcendentes. As **funções algébricas** incluem as seguintes:

Funções polinomiais

Uma função polinomial é da forma

$$P(x) = a_0 x^n + a_1 x^{n-1} + a_2 x^{n-2} + ... + a_{n-1} x + a_n = \sum_{i=0}^{n} a_i x^{n-i}$$

onde, a_i, $i = 0, 1, 2, ..., n$ são constantes reais denominadas *coeficientes* e $n \in \mathbb{N}$ é o *grau do polinômio* $P(x)$ se $a_0 \neq 0$.

Uma função polinomial é definida para todo $x \in \mathbb{R}$, isto é, $dom(P) = \mathbb{R}$. Por outro lado, $Im(P) = \begin{cases} \mathbb{R} & \text{se } n \text{ é ímpar} \\ \mathbb{R}^+ & \text{se } n \text{ é par} \end{cases}$

3 Funções

Exemplos: **Polinômio de primeiro grau**

$$P(x) = ax + b$$

Um polinômio de primeiro grau é também chamado de *função linear*, uma vez que seu gráfico é uma reta cujo *coeficiente angular* é a e que intercepta o eixo-y no ponto b.

Lembramos que o coeficiente angular de uma reta é o valor da tangente do ângulo α formado pela reta e o eixo-x:

$$a = tg\,\alpha$$

Ainda, se $b = 0$, a função linear se reduz a $y = ax$ que é uma reta passando pela origem. Se $a = 0$, a função linear se reduz à função constante $f(x) = b$, que é uma reta paralela ao eixo-x.

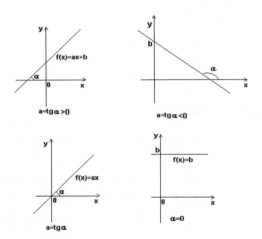

Fig. 2.4-Polinômio de primeiro grau (equação da reta)

Se o ângulo α é tal que $0 < \alpha < \frac{\pi}{2}$, então a reta é crescente, pois seu coeficiente angular é positivo: $tg\alpha > 0$;

Se o ângulo α é tal que $\frac{\pi}{2} < \alpha < \pi$, então a reta é decrescente, pois seu coeficiente angular é negativo: $tg\alpha < 0$;

Se $\alpha = \frac{\pi}{2}$, a reta é perpendicular ao eixo-x e, neste caso, não é dada por uma função, pois $tg\frac{\pi}{2}$ não está definida.

3 Funções

Polinômio de segundo grau

$$f(x) = ax^2 + bx + c; \ (a \neq 0)$$

Um polinômio de segundo grau também é chamado de *função quadrática* e seu gráfico é uma *parábola*.

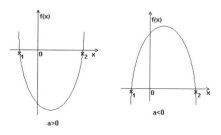

Fig. 2.5-Funções quadráticas

Os pontos onde a curva corta o eixo-x são denominados *raízes da equação* e são obtidos quando $f(x) = 0$. Uma função quadrática tem, no máximo, 2 raízes reais distintas x_1 e x_2, que são dadas pela fórmula de Bhaskara:

$$x_i = \frac{-b \pm \sqrt{b^2 - 4ac}}{2a}$$

Polinômio de terceiro grau Um polinômio de terceiro grau tem a fórmula geral dada por:

$$f(x) = ax^3 + bx^2 + cx + d$$

Um polinômio de terceiro grau tem, no máximo, 3 raízes reais distintas e um método para determiná-las foi desenvolvido por Cardano e apresentado por Tartaglia (vide [1],[2],[3]). Observamos que se o polinômio é de grau maior que 3, então, não existe um método geral para determinar suas raízes.

3 Funções

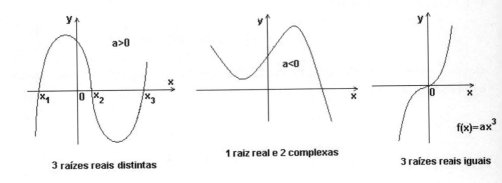

Fig.2.6 - Polinômios de terceiro grau

3.3.1 Funções racionais

Uma função racional é definida como o quociente entre duas funções polinomiais

$$f(x) = \frac{P(x)}{Q(x)} = \frac{a_0 x^n + a_1 x^{n-1} + a_2 x^{n-2} + \ldots + a_{n-1} x + a_n}{b_0 x^m + b_1 x^{m-1} + b_2 x^{m-2} + \ldots + b_{m-1} x + b_m} = \frac{\sum_{i=0}^{n} a_i x^{n-i}}{\sum_{j=0}^{n} b_j x^{m-j}}$$

O domínio de uma função racional é todo $\mathbb{R}$ menos as raízes do polinômio denominador $Q(x)$, isto é,

$$dom(f) = \mathbb{R} - \{x \in \mathbb{R} \mid Q(x) = 0\}.$$

x^* é raiz de $f(x)$ se, e somente se, $P(x^*) = 0$ e $Q(x^*) \neq 0$.

Exemplo $f(x) = \frac{a}{x}$. Neste caso, $dom(f) = \mathbb{R} - \{0\}$.

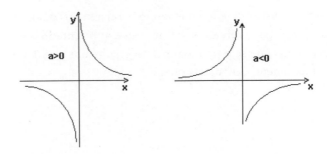

Fig.2.7 - Gráficos da função racional $f(x) = \dfrac{a}{x}$

3 Funções

3.3.2 Funções irracionais

Dizemos que uma função real f é irracional quando a variável independente x aparece na fórmula de $y = f(x)$ com expoente racional.

Exemplos: a) $f_1(x) = \sqrt{x}$ e $f_2(x) = -\sqrt{x}$

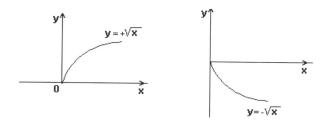

Fig.2.8 - Gráficos das funções racionais

b) $f_3(x) = x^{\frac{2}{3}}$ com $x \in [-8, 8]$:

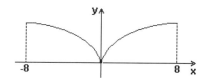

Fig.2.9 - Gráfico de $x^{\frac{2}{3}}$

c) $f_4(x) = \dfrac{2x^3 + \sqrt{x} - 1}{\sqrt{x^2 + 1}}$

3.3.3 Distância entre dois pontos do plano $\mathbb{R}^2$

A distância entre dois pontos quaisquer do plano é o comprimento do segmento de reta que os une. Vamos deduzir uma fórmula para o cálculo desta distância em função das coordenadas dos dois pontos:

Sejam $P_1(x_1, y_1)$ e $P_2(x_2, y_2)$, a distância entre eles $d = \overline{P_1 P_2}$ pode ser calculada usando o Teorema de Pitágoras no triângulo retângulo de vértices P_1, P_2 e V da fig. 2.10.

3 Funções

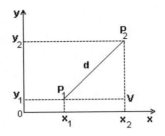

Fig.2.10 - Distância entre dois pontos do plano

Assim,
$$d^2 = \overline{P_1P_2}^2 = \overline{P_2V}^2 + \overline{P_1V}^2 = |y_2 - y_1|^2 + |x_2 - x_1|^2$$

ou
$$d = \sqrt{(y_2 - y_1)^2 + (x_2 - x_1)^2}$$

Exemplos:
1) Sejam $P_1(1,1)$ e $P_2(2,0)$, então $d = \overline{P_1P_2} = \sqrt{(2-1)^2 + (0-1)^2} = \sqrt{2}$
2) Se $P_1 = (0,0)$ e $P_2 = (a,b) \Longrightarrow d = \sqrt{a^2 + b^2}$, que é a fórmula da distância da origem a qualquer ponto $P(a,b)$ do plano.

Obs: Se f é uma função, então podemos formar a equação $[F(x,y) = y - f(x) = 0]$ cujo gráfico é o mesmo da função $y = f(x)$. Entretanto, existem equações do tipo $F(x,y) = c$ que não são obtidas de uma função $y = f(x)$. Por exemplo, a equação

$$x^2 + y^2 = d^2$$

que, geometricamente, significa o quadrado da distância do ponto (x,y) à origem $(0,0)$.

Todos os pontos (x,y) que satisfazem à equação estão a uma distância fixa d da origem e, portanto, formam uma circunferência de centro na origem e raio d.

3 Funções

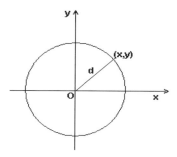

Fig.2.11 - Circunferência de centro na origem e raio d

Exercício: Determinar a equação da circunferência de centro no ponto $(2,-1)$ e raio 3.

Solução: basta determinar todos os pontos (x,y) que distam de $(2,-1)$ de 3, isto é,

$$3 = \sqrt{(x-2)^2 + (y+1)^2} \Longrightarrow (x-2)^2 + (y+1)^2 = 9$$

De uma maneira geral, podemos dizer que a equação

$$(x-a)^2 + (y-b)^2 = r^2$$

é a equação de uma circunferência de centro no ponto (a,b) e raio r.

3.3.4 Funções transcendentais

Como funções transcendentais, vamos estudar neste capítulo as funções trigonométricas e posteriormente as funções exponencial e logaritmo.

Funções Trigonométricas Suponhamos dados os eixos coordenados e um certo ângulo α (fig. 2.12)

3 Funções

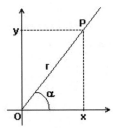 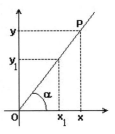

Fig.2.12 - Ângulo

Seja $(x,y) \neq (0,0)$ um ponto qualquer da reta que determina o ângulo, então a distância de (x,y) à origem é dada por $r = \sqrt{x^2 + y^2}$. Definimos

$$seno\ \alpha = \frac{y}{r} = \frac{y}{\sqrt{x^2 + y^2}}$$

$$cosseno\ \alpha = \frac{x}{r} = \frac{x}{\sqrt{x^2 + y^2}}$$

Vamos mostrar que o valor do *seno* α não depende da escolha do ponto (x,y) sobre a reta que determina α. De fato, seja (x_1, y_1) um outro ponto sobre a mesma reta, então existe um número $c \neq 0$ tal que $x_1 = cx$ e $y_1 = cy$.

Portanto,

$$\frac{y_1}{\sqrt{x_1^2 + y_1^2}} = \frac{cy}{\sqrt{c^2 x^2 + c^2 y^2}} = \frac{y}{\sqrt{x^2 + y^2}} = seno\ \alpha$$

Analogamente para o *cosseno* α.

Variações do *seno* α e do *cosseno* α

Se o ponto $P(x,y)$ está no primeiro ou no segundo quadrante, então $y > 0$;
Se o ponto $P(x,y)$ está no terceiro ou quarto quadrante, então $y < 0$;
Se o ponto $P(x,y)$ está no primeiro ou no quarto quadrante, então $x > 0$;
Se o ponto $P(x,y)$ está no segundo ou no terceiro quadrante, então $x < 0$.

Definição 3. *Seja π a área de um círculo de raio 1. Vamos escolher como unidade de ângulo aquela cujo ângulo raso mede π vezes esta unidade. Tal unidade de ângulo é chamada radiano.*

Vamos calcular o valor do *seno* α e do *cosseno* α para alguns ângulos:

3 Funções

α	seno α	cosseno α
0	0	1
$\frac{\pi}{6}$	$\frac{1}{2}$	$\frac{\sqrt{3}}{2}$
$\frac{\pi}{4}$	$\frac{\sqrt{2}}{2}$	$\frac{\sqrt{2}}{2}$
$\frac{\pi}{3}$	$\frac{\sqrt{3}}{2}$	$\frac{1}{2}$
$\frac{\pi}{2}$	1	0
π	0	-1
$\frac{3\pi}{2}$	-1	0

Proposição 6. *Para qualquer ângulo α tem-se:*

(a) *cosseno $\alpha = seno\,(\alpha + \frac{\pi}{2})$*
(b) *seno $\alpha = -cosseno\,(\alpha + \frac{\pi}{2})$*

Prova: Seja $P(x,y)$ um ponto qualquer do plano e α o ângulo determinado pela reta OP e o eixo-x. Consideremos um ponto $Q(x_1, y_1)$ tal que o ângulo determinado pela reta OQ seja $(\alpha + \frac{\pi}{2})$. Suponhamos também que $\sqrt{x_1^2 + y_1^2} = \sqrt{x^2 + y^2}$, isto é, as distâncias de P e de Q à origem são iguais. Logo, os triângulos OPA e OQB são iguais (veja fig. 2.13) e portanto $x = y_1$ e $y = -x_1$.

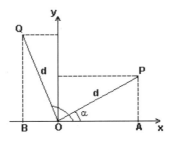

Fig.2.13 - Ângulos complementares

Então,
$$cosseno\,\alpha = \frac{x}{\sqrt{x^2+y^2}} = \frac{y_1}{\sqrt{x_1^2+y_1^2}} = seno(\alpha + \frac{\pi}{2})$$

$$seno\,\alpha = \frac{y}{\sqrt{x^2+y^2}} = \frac{-x_1}{\sqrt{x_1^2+y_1^2}} = -cosseno(\alpha + \frac{\pi}{2})$$

Definição 4. *Para todo $x \in \mathbb{R}$ podemos associar um número que é o seno de x radianos e denotamos esta função por sen$x$. Analogamente, temos uma função que associa a cada número real o cosseno do ângulo de x radianos: $y = \cos x$.*

3 Funções

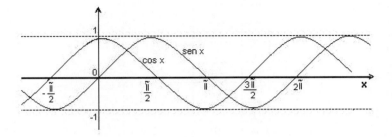

Fig.2.14 - Gráficos das funções *senx* e *cosx*

Definição 5. *Definimos ainda*

$$tg\, x = \frac{sen\, x}{\cos x}$$

denominada função tangente *e definida para todo* $x \in \mathbb{R}$ *com* $x \neq \pm\frac{(2n+1)\pi}{2}, n \in \mathbb{N}$.

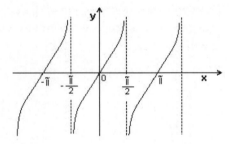

Fig.2.15 - Gráfico da função tangente

$$\sec x = \frac{1}{\cos x}$$

denominada função secante *e definida para os valores de x tais que* $\cos x \neq 0 \iff x \neq \pm\frac{(2n+1)\pi}{2}, n \in \mathbb{N}$.

3 Funções

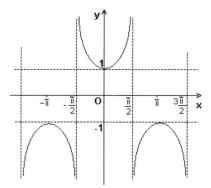

Fig.2.16 - Gráfico da função secante

$$\cos\sec x = \frac{1}{\sen x}$$

denominada função cossecante e definida para valores de x tais que $\sen x \neq 0 \iff x \neq 0, \pm\pi, \pm 2\pi, \ldots$

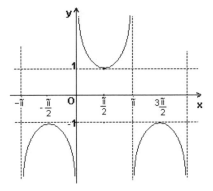

Fig.2.17 - Gráfico da função *cossecx*

$$\cot g\, x = \frac{\cos x}{\sen x}$$

denominada função cotangente e definida para valores de $x \neq 0, \pm\pi, \pm 2\pi, \ldots$

3 Funções

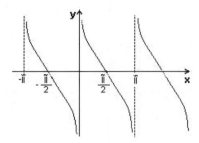

Fig.2.18 - Gráfico da função $cotg\, x$

Um resumo do significado geométrico das funções trigonométricas pode ser visto na fig. 2.19, em que a semirreta que determina o ângulo está no primeiro quadrante ($0 < x < \pi/2$). Os sinais das funções dependem da posição do ponto P. Por exemplo, se P estivesse no segundo quadrante, isto é, se $\pi/2 < x < \pi$, o segmento $\overrightarrow{HC}$ teria direção contrária à do eixo-x e, portanto, teríamos $cotg\, x < 0$.

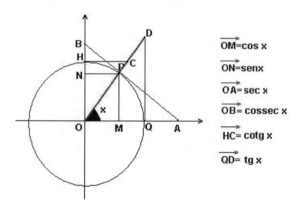

Fig.2.19 - Esquema geométrico das funções trigonométricas

Exercício: Faça um esquema geométrico para as funções trigonométricas nos demais quadrantes.

Proposição 7. *Para todo $x \in \mathbb{R}$, tem-se*

$$sen^2 x + \cos^2 x = 1$$

3 Funções

$$sen(x \pm y) = sen\,x\cos y \pm sen\,y\cos x$$

$$\cos(x \pm y) = \cos x\cos y \mp sen\,x\,sen\,y$$

Prova: Fica como exercício.

Outras funções importantes que veremos neste livro são as funções **exponencial** e **logaritmo**. Faremos um estudo mais elaborado dessas funções posteriormente.

3.3.5 Composição de funções

Sejam $u = f(x)$ e $y = g(u)$ duas funções reais

$$f : A \longrightarrow B \quad e \quad g : B \longrightarrow C$$

$$x \longrightarrow u = f(x) \quad e \quad u \longrightarrow y = g(u)$$

Se para cada x tivermos $u = f(x)$ no domínio de g, então cada x determina um valor u que determina um valor y.

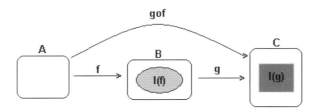

Fig.2.20 - Esquema Composição de funções

Escrevemos $y = g(f(x))$, ou simplesmente $y = gof$, que é denominada função composta de g e f.

Exemplos 1. Sejam $u = f(x) = \cos x$ e $y = g(u) = u^2$. Então, gof é dada pela equação $y = (\cos x)^2 = \cos^2 x$.

É importante observar que a ordem da composição é significante, isto é, de um modo geral temos $gof \neq fog$. De fato, se tivéssemos

$$\begin{cases} y = f(u) = \cos u \\ u = g(x) = x^2 \end{cases} \implies y = fog = f(g(x)) = f(x^2) = \cos x^2.$$

3 Funções

2. Sejam $\begin{cases} y = f(x) = x^3 - 1 \\ y = g(x) = \sqrt{x+1} \end{cases}$ então,

gof é dada por $y = g(f(x)) = g(x^3 - 1) = \sqrt{(x^3 - 1) + 1} = \sqrt{x^3}$.

fog é dada por $y = f(g(x)) = f(\sqrt{x+1}) = \left(\sqrt{x+1}\right)^3 - 1$.

O domínio de gof é $\mathbb{R}^+ = \{x \in \mathbb{R}; x \geqslant 0\}$ e o domínio de fog é $\{x \in \mathbb{R}; x \geqslant -1\}$.

Podemos também definir a composta de uma função com si mesma:

$fof(x) = f^2(x) = f(f(x)) = f(x^3 - 1) = \left(x^3 - 1\right)^3 - 1;$

$gog(x) = g^2(x) = g(g(x)) = g(\sqrt{x+1}) = \sqrt{\sqrt{x+1} + 1}$

3.3.6 Funções inversas

Para definir funções inversas, necessitamos de alguns conceitos preliminares:
Uma função $f : [a, b] \longrightarrow \mathbb{R}$, é *monótona crescente* se

$$x_1 < x_2 \Longrightarrow f(x_1) < f(x_2);$$

f é *monótona não decrescente* em $[a, b]$ se

$$x_1 < x_2 \Longrightarrow f(x_1) \leq f(x_2);$$

f é *monótona decrescente* em $[a, b]$ se

$$x_1 < x_2 \Longrightarrow f(x_1) > f(x_2);$$

f é *monótona não crescente* em $[a, b]$ se

$$x_1 < x_2 \Longrightarrow f(x_1) \geq f(x_2);$$

f é *biunívoca* em $[a, b]$ se

$$x_1 \neq x_2 \Longrightarrow f(x_1) \neq f(x_2),$$

para todo x_1 e x_2 do intervalo $[a, b]$.

Observamos que uma função crescente ou decrescente é necessariamente biunívoca (mostre!).

3 Funções

Seja $y = f(x)$ uma função biunívoca em $[a,b]$, dizemos que f^{-1} é a função *inversa* de f se $x = f^{-1}(y)$, isto é, se

$$f \circ f^{-1}(y) = f(f^{-1}(y)) = I_d(y) = y$$
$$f^{-1} \circ f(x) = f^{-1}(f(x)) = I_d(x) = x$$

Observamos que o domínio de f^{-1} é a imagem de f e, reciprocamente, $I_m(f^{-1}) = dom(f)$. Ainda, nas condições impostas para a existência da função inversa, temos sempre

$$y = f(x) \Longleftrightarrow x = f^{-1}(y)$$

Exemplo 1) Seja $y = f(x) = 2x + 1$. Temos que f é crescente, pois se $x_1 < x_2 \Rightarrow 2x_1 < 2x_2 \Rightarrow 2x_1 + 1 < 2x_2 + 1 \Rightarrow f(x_1) < f(x_2)$.
A função inversa de f é $x = f^{-1}(y) = \frac{y-1}{2}$. De fato,

$$f^{-1}(f(x)) = f^{-1}(2x+1) = \frac{(2x+1)-1}{2} = x$$

e

$$f(f^{-1}(y)) = f(\frac{y-1}{2}) = 2\frac{y-1}{2} - 1 = y$$

2) Seja $y = f(x) = x^2$. Neste caso, f é monótona crescente em $[0,+\infty)$ e monótona decrescente em $(-\infty,0]$. Então, se $x \in [0,+\infty)$, f tem inversa e $f^{-1}(y) = \sqrt{y}$, com $y \geq 0$. No intervalo $(-\infty,0]$, a função inversa de $y = f(x)$ é dada por $f^{-1}(y) = -\sqrt{y}$ (verifique!).
Obs.: O gráfico de uma função inversa $x = f^{-1}(y)$ é *simétrico* ao da função $y = f(x)$, em relação à reta $y = x$.

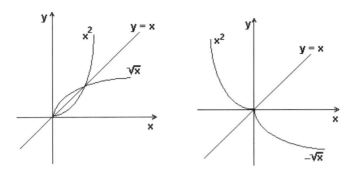

Fig.2.21 - Os gráficos das inversas são simétricos em relação à reta bissetriz

3 Funções

3) A função $y = senx$ é monótona crescente no intervalo $\frac{-\pi}{2} \leqslant x \leqslant \frac{\pi}{2}$ e sua inversa, nesse intervalo, é $x = sen^{-1}y$, $-1 \leqslant y \leqslant 1$. A função $sen^{-1}y$ significa *"ângulo cujo seno é y"* e, geralmente, é denotada por $x = \arcsin y$ (arco cujo seno é y). Para construir o gráfico dessa função inversa basta desenhar uma função simétrica da função $y = senx$, em relação à reta $y = x$.

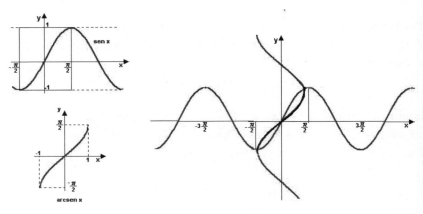

Fig.2.22 - Gráfico da função $arcsenx$

Lembramos que

$$y = arcsenx \iff seny = x,$$

considerando-se as limitações para x e y.

Exemplos: a) $sen\frac{\pi}{2} = 1 \iff \frac{\pi}{2} = arcsen 1$
b) $sen\,\pi = 0 \iff \pi = arcsen\,0$

Exercícios 1) Determine as funções inversas das demais funções trigonométricas.

2) Seja f uma função *periódica* de período p, isto é, $f(x + p) = f(x)$, e suponhamos que f admite uma inversa f^{-1} num intervalo maximal (p_1, p_2), isto é, $p_2 - p_1 = p$. Mostre que f^{-1} pode ser estendida a toda reta como uma função periódica de período dado por $|f^{-1}(p_2) - f^{-1}(p_1)|$ (Veja figura 2.22).

3) Se $y = a^x$ com $x \in \mathbb{R}$ e $a \neq 1$, então sua inversa é $x = \log_a y$

3 Funções

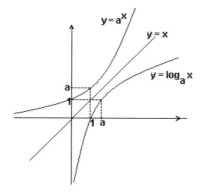

Fig.2.23 - Funções exponencial e logaritmo

$$y = a^x \iff x = \log_a y$$

3.3.7 Operações com funções

Sejam f e g funções reais definidas no intervalo $[a,b]$. A função $h = f \pm g$ é definida em $[a,b]$ por

$$h(x) = f(x) \pm g(x), \text{ para todo } x \in [a,b]$$

A função $h = fg$ é definida por

$$h(x) = f(x)g(x), \text{ para todo } x \in [a,b]$$

Analogamente, definimos $h = f \div g = \frac{f}{g}$ por:

$$h(x) = \frac{f(x)}{g(x)}, \text{ para todo } x \in [a,b], \text{ com } g(x) \neq 0$$

Exemplo Sejam $f(x) = x^2 - 1$ e $g(x) = x + 1$. Então,

$$f(x) + g(x) = x^2 + x;$$
$$f(x) - g(x) = x^2 - x - 2;$$
$$f(x)g(x) = x^3 + x^2 - x - 1;$$
$$\frac{f(x)}{g(x)} = x - 1$$

3 Funções

Uma função $f : \mathbb{R} \longrightarrow \mathbb{R}$ é *par* se, para todo $x \in \mathbb{R}$, temos

$$f(x) = f(-x)$$

Assim, o gráfico de uma função par é simétrico em relação ao eixo-y.

Uma função $f : \mathbb{R} \longrightarrow \mathbb{R}$ é *ímpar* se, para todo $x \in \mathbb{R}$, temos

$$f(x) = -f(-x)$$

Exemplos 1) A função $f(x) = \cos x$ é uma função periódica e par.

De fato, temos que $\cos(x + 2\pi) = \cos x \cos 2\pi - senx\, sen2\pi = \cos x$, ou seja, f é periódica com período 2π. Ainda,

$\cos(-x) = \cos(0 - x) = \cos 0 \cos x + sen0senx = \cos x \Longrightarrow \cos x$ é par.

Analogamente, podemos mostrar que a função $f(x) = senx$ é ímpar, periódica e de período 2π (mostre!).

Verifique que a função $h(x) = senx \cos x$ é periódica e ímpar.

2) A função $f(x) = x^n$ é par se $n \in \mathbb{N}$ é par, e é ímpar se n é ímpar.

3) A função $f(x) = |x|$ é par.

Exercícios 1. Calcule os pontos de intersecção entre as curvas dadas pelas funções

$$f(x) = |x - 1| \ \text{ e } \ g(x) = x^2 - 1$$

2. Determine as equações das retas que passam pelo ponto $P : (1, -1)$ e sejam:

a) paralelas à reta $y = 2x + 1$;

b) perpendiculares à reta $y = 2x + 1$.

3. Calcule a equação da reta que passa pelos pontos das intersecções das parábolas

$$y = -(x - x^2) \ \text{ e } \ y = x^2 - 1$$

4. Determine a equação da curva cujos pontos distam do ponto $(2, 1)$ de 5.

5. Mostre que:

a) $sen2x = 2senx \cos x$

3 Funções

b) $\cos 2x = \cos^2 x - sen^2 x = 2\cos^2 x - 1 = 1 - 2sen^2 x$;

c) $tg^2 x = \sec^2 x - 1$;

d) $tg(x+y) = \frac{tg\ x + tg\ y}{1 - tg\ x tg\ y}$.

6. Mostre que todas as funções trigonométricas são periódicas e determine seus períodos.

7. Se $f(x)$ é ímpar e $g(x)$ é par, mostre que

a) $h(x) = f(x)g(x)$ é ímpar;

b) $h(x) = f(x)f(x)$ é par;

c) $h(x) = g(x)g(x)$ é par.

8. Verifique em que condições a função $f(x) = x^n + k$, $n \in \mathbb{N}$ é par.

4 Limites e Continuidade

Ponte metálica sobre o rio Acre (Rio Branco) (foto do autor)

"Infinidades e indivisibilidades transcedem nossa compreensão finita, as primeiras devido à sua magnitude, as últimas devido à sua pequenez; imagine como são quando se combinam."

Galileu Galilei como Salviati, em *Diálogos sobre duas novas ciências*. [1]

---

[1] O leitor interessado pode consultar o importante texto de Eli Maor *e: A História de um Número* (Record, 2003).

4 Limites e Continuidade

4.1 Introdução histórica

"O conceito de limite constitui um dos fundamentos do Cálculo, uma vez que para definir derivada, continuidade, integral, convergência, divergência, utilizamos esse conceito. A sistematização lógica do Cálculo pressupõe, então, o conceito de limite. [2]

Entretanto, o registro histórico é justamente o oposto. Por muitos séculos, a noção de limite foi confundida com ideias vagas, às vezes filosóficas relativas ao infinito — números infinitamente grandes ou infinitamente pequenos — e com intuições geométricas subjetivas, nem sempre rigorosas. O termo limite no sentido moderno é produto dos séculos XVIII e XIX, originário da Europa. A definição moderna tem menos de 150 anos.

A primeira vez em que a ideia de limite apareceu foi por volta de 450 a.C., na discussão dos quatro paradoxos de Zeno. Por exemplo, no primeiro paradoxo — a *Dicotomia* — Zeno discute o movimento de um objeto que se move entre dois pontos fixos, A e B, situados a uma distância finita, considerando uma sequência infinita de intervalos de tempo - $T_0, T_1, T_2...$ — cada um deles sendo o tempo gasto para percorrer a metade da distância percorrida no movimento anterior. [...]

Analisando o problema, Zeno concluiu que dessa maneira o móvel nunca chegaria em B. Aristóteles, 384 -322 a.C., refletiu sobre os paradoxos de Zeno com argumentos filosóficos. Para provas rigorosas das fórmulas de determinadas áreas e volumes, Arquimedes encontrou diversas somas que contêm um número infinito de termos. Na ausência do conceito de limite, Arquimedes utilizava argumentos denominados *reductio ad absurdum* (redução ao absurdo).[...]

Determinar valores exatos para áreas em regiões limitadas por curvas é também um problema fundamental do Cálculo. Este é chamado frequentemente problema da quadratura — determinação de uma área — e, relacionado com ele, o problema da cubatura, isto é, da determinação do volume de um sólido limitado por superfícies. Todos esses problemas conduzem às integrais.

Johannes Kepler, astrônomo famoso, era um dos mais envolvidos com problemas de cubatura. Bonaventura Cavalieri desenvolveu uma teoria elaborada nas quadraturas. Outros, tais como Evangelista Torricelli, Pierre de Fermat, John Wallis e St. Vincent de Gregory, planejaram técnicas de quadratura e/ou de cubatura que se aplicavam a regiões ou a sólidos específicos. Mas nenhum deles usou limites. Os resultados

---

[2]Este resumo da História do Cálculo é baseado no site e-Calculo da USP (2000) [1]. Disponível em: <http://ecalculo.if.usp.br/historia/historia_limites.html>. Acesso em: 3 set. 2015.

4 Limites e Continuidade

estavam quase todos corretos, mas cada um dependia de uma argumentação não algébrica, recorrendo à intuição geométrica ou filosófica, questionável em algum ponto crítico. A necessidade para os limites era justa, mas não reconhecida.

Isaac Newton, em *Principia Mathematica*, seu maior trabalho em Matemática e Ciência, foi o primeiro a reconhecer, em certo sentido, a necessidade do limite. No começo do livro I do *Principia*, tentou dar uma formulação precisa para o conceito do limite. Ele havia descoberto o papel preliminar que o limite teria no Cálculo, sendo essa a semente da definição moderna. Infelizmente, para a fundamentação rigorosa do Cálculo, durante muitas décadas, ninguém examinou as sugestões que Newton havia fornecido.

Durante o século XVIII, uma atenção muito pequena foi dada às fundamentações do Cálculo, muito menos ao limite e seus detalhes. Colin Maclaurin defendeu o tratamento dos fluxos de Newton, mas reverteu ao século XVII, com argumentos similares ao de Fermat que somente Arquimedes ocasionalmente tinha usado. Apesar de suas boas intenções, Maclaurin deixou passar a oportunidade de perceber a sugestão de Newton sobre limites. [...]

D'Alembert foi o único cientista da época que reconheceu explicitamente a centralidade do limite no Cálculo. Em sua famosa *Encyclopédie*, D'Alembert afirmou que a definição apropriada ao conceito de derivada requer a compreensão de limite primeiramente. Em termos gerais, D'Alembert percebeu que a teoria dos limites era a "verdadeira metafísica do Cálculo".

Em 1784, a Academia de Ciências de Berlim ofereceu um prêmio para quem explicasse com sucesso uma teoria do infinito pequeno e do infinito grande na Matemática e que pudesse ser usada no Cálculo como um fundamento lógico e consistente. Embora esse prêmio tenha sido ganho por Simon L'Huilier (1750-1840) pelo seu trabalho "longo e tedioso", este não foi considerado uma solução para os problemas propostos. Lazare N. M. Carnot (1753-1823) propôs uma tentativa popular de explicar o papel do limite no Cálculo como "a compensação dos erros", mas não explicou como esses erros se balançariam sempre perfeitamente.

Já no final do século XVIII, o matemático Joseph-Louis Lagrange — o maior do seu tempo — tinha elaborado uma reformulação sobre a mecânica em termos do Cálculo. Lagrange focalizou sua atenção nos problemas da fundamentação do Cálculo. Sua solução tinha como destaque "toda a consideração de quantidades infinitamente pequenas, dos limites ou dos fluxos". Lagrange fez um esforço para fazer o Cálculo puramente algébrico, eliminando inteiramente os limites.

4 Limites e Continuidade

Durante todo o século XVIII, pouco interesse em relação aos assuntos sobre a convergência ou a divergência de sequências infinitas e séries havia aparecido. Em 1812, Carl Friedrich Gauss compôs o primeiro tratamento rigoroso de convergência para sequências e séries, embora não utilizasse a terminologia dos limites.

Em sua famosa teoria analítica do calor, Jean Baptiste Joseph Fourier tentou definir a convergência de uma série infinita sem usar limites, mas mostrando que, respeitadas certas hipóteses, toda função poderia ser escrita como uma soma de suas séries.

No começo do século XVIII, as ideias sobre limites eram certamente desconcertantes.

Já no século XIX, Augustin Louis Cauchy estava procurando uma exposição rigorosamente correta do Cálculo para apresentar a seus estudantes de engenharia na École Polytechnique de Paris. Cauchy começou seu curso com uma definição moderna de limite. Em suas notas de aula, que se tornaram papers clássicos, Cauchy usou o limite como a base para a introdução precisa do conceito de continuidade e de convergência, de derivada, de integral. Entretanto, a Cauchy tinham passado desapercebidos alguns dos detalhes técnicos. Niels Henrik Abel (1802-1829) e Peter Gustav Lejeune Dirichlet estavam entre aqueles que procuravam por problemas delicados e não intuitivos.

Entre 1840 e 1850, enquanto era professor da High School, Karl Weierstrass determinou que a primeira etapa para corrigir esses erros deveria começar pela definição de limite de Cauchy em termos aritméticos estritos, usando-se somente valores absolutos e desigualdades".

4.2 Sequências e assíntotas

Seja $f : \mathbb{N} \longrightarrow \mathbb{R}$ uma função definida no conjunto dos naturais. Tal função é denominada *sequência* e denotada por $f(n) = \{x_n\}_{n \in \mathbb{N}}$.

"Uma sequência é *convergente* para x^*, e escrevemos $x_n \longrightarrow x^*$, se x_n se aproxima de x^* quando n for muito grande" — Essa frase, do ponto de vista de um matemático, está longe da exatidão que ele busca quase sempre, pois palavras como "se aproxima" ou "muito grande" podem ser consideradas mais subjetivas que determinísticas. A definição formal do que se convencionou chamar *limite* de uma sequência é obtida fazendo-se a tradução de tais palavras:

Definição 6. *Uma sequência é* convergente *para x^* e escrevemos $x_n \longrightarrow x^*$ se para cada número positivo $\in$ existe um número natural n_0 tal que se $n > n_0$ então $|x_n - x^*| < \in$.*

4 Limites e Continuidade

Notação: $\lim_{n \to \infty} x_n = x^*$ ou $x_n \longrightarrow x^*$. Dizemos que x^* é o *limite* de $\{x_n\}_{n \in \mathbb{N}}$.

Exemplos 1) Seja $\{x_n\}_{n \in \mathbb{N}} = \left\{ 1 + \frac{1}{n} \right\}_{n \in \mathbb{N}}$.
Vamos mostrar que $x_n \longrightarrow 1$.

De fato, para cada $\in > 0$ arbitrário, basta considerar o número natural $n_0 > \frac{1}{\in}$ e teremos $|x_n - 1| = \left| \left(1 + \frac{1}{n} \right) - 1 \right| = \frac{1}{n}$. Logo, se $n > n_0 \implies \frac{1}{n} < \frac{1}{n_0} < \in$, o que completa a prova.

Em palavras, $1 + \frac{1}{n}$ se aproxima do valor $x^* = 1$ quando n cresce.

2) Seja $\{x_n\}_{n \in \mathbb{N}} = \left\{ (-1)^n \frac{n}{n+1} \right\}_{n \in \mathbb{N}} = \left\{ -\frac{1}{2}, \frac{2}{3}, -\frac{3}{4}, ..., (-1)^n \frac{n}{n+1}, ... \right\}$.
Vamos mostrar que $\{x_n\}_{n \in \mathbb{N}}$ não converge.

Suponhamos (por absurdo) que $(-1)^n \frac{n}{n+1}$ seja convergente, isto é, $(-1)^n \frac{n}{n+1} \longrightarrow x^*$. Então, se considerarmos $\in = \frac{1}{2}$, deve existir um número natural n_0 tal que se $n > n_0$ devemos ter $\left| (-1)^n \frac{n}{n+1} - x^* \right| < 1$ e também $\left| (-1)^{n+1} \frac{n+1}{n+2} - x^* \right| < \frac{1}{2}$.

Por outro lado, temos

$$\left| (-1)^{n+1} \frac{n+1}{n+2} - (-1)^n \frac{n}{n+1} \right| = \left| (-1)^n \right| \left| -\frac{n+1}{n+2} - \frac{n}{n+1} \right| = \left| \frac{2n^2 + 4n + 1}{(n+2)(n+1)} \right| > \left| \frac{2n^2 + 4n + 1}{n^2 + 3n + 2} \right| > 1$$

para todo $n \in \mathbb{N}$, pois

$$\left| \frac{2n^2 + 4n + 1}{n^2 + 3n + 2} \right| = \frac{2n^2 + 4n + 1}{n^2 + 3n + 2} > 1 \iff 2n^2 + 4n + 1 > n^2 + 3n + 2 \iff n^2 + n > 1$$

o que é verdadeiro para todo $n \geq 1$.

Então, teremos

$$1 < \left| (-1)^{n+1} \frac{n+1}{n+2} - (-1)^n \frac{n}{n+1} \right| = \left| (-1)^{n+1} \frac{n+1}{n+2} - x^* + x^* - (-1)^n \frac{n}{n+1} \right|$$

$$< \left| (-1)^{n+1} \frac{n+1}{n+2} - x^* \right| + \left| (-1)^n \frac{n}{n+1} - x^* \right| < \frac{1}{2} + \frac{1}{2} = 1.$$

Essas duas desigualdades levam a uma contradição e, portanto, a sequência não converge.

Observe que a subsequência $\{x_n\}_{n \in \wp} = \left\{ \frac{n}{n+1} \right\}_{n \in \wp}$, onde $\wp$ é o conjunto dos números pares, converge para $x^* = 1$ e a subsequência dos ímpares $\left\{ -\frac{n}{n+1} \right\}_{n \in \pounds}$ converge para $x^* = -1$ (mostre!).

4 Limites e Continuidade

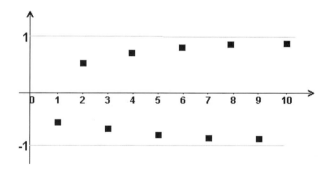

Fig.3.1 - A sequência $(-1)^n \frac{n}{n+1}$ é divergente

Para uma função $f : \mathbb{R} \longrightarrow \mathbb{R}$, podemos também definir o *limite no infinito* de modo análogo ao definido para sequências:

Definição 7. *Dizemos que L é o limite de $f(x)$, quando x tende a $+\infty$ se, dado um valor arbitrário $\in > 0$, podemos determinar um número real positivo M, tal que se $x > M$, então $|f(x) - L| < \in$.*

Notação: $\lim_{x \to \infty} f(x) = L$

Exemplos 1) Seja $f(x) = \frac{2x+1}{x}$, vamos mostrar que $\lim_{x \to +\infty} f(x) = 2$.

É necessário provar que para todo $\in > 0$, a seguinte desigualdade será verdadeira

$$\left| \frac{2x+1}{x} - 2 \right| < \in$$

desde que se tenha $x > M$, onde M é determinado com a escolha de $\in$.

Temos que $\left|\frac{2x+1}{x} - 2\right| = \left|\frac{1}{x}\right|$ e portanto, $\left|\frac{2x+1}{x} - 2\right| < \in \iff \left|\frac{1}{x}\right| < \in$ que é verdadeiro para todo $|x| > \frac{1}{\in} = M$. Então, dado um $\in > 0$ arbitrário, para todo $x \in \mathbb{R}$ tal que $|x| > \frac{1}{\in} = M$, tem-se que $|f(x) - 2| < \in$.

Obs.: Quando temos $\lim_{x \to +\infty} f(x) = k$, dizemos que a reta $y = k$, paralela ao eixo-x, é uma *assíntota horizontal* da função f ou que a função f se estabiliza no ponto $y=k$.

4 Limites e Continuidade

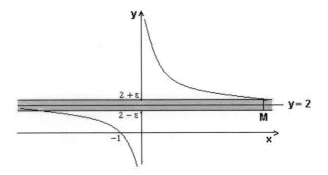

Fig.3.2 - A função $f(x) = \frac{2x+1}{x}$ é estável no ponto x=2

De modo análogo podemos definir uma *assíntota vertical* $x = k$, de $f(x)$ quando

$$\lim_{x \to k} f(x) = \infty$$

significando que quando x se aproxima do valor k o valor da função $|f(x)|$ cresce sem limitação. Em outras palavras,

Dado um valor arbitrário $M > 0$, existe um valor $\delta > 0$ tal que se $|x - k| < \delta$ então $|f(x)| >$

Exemplo Seja $f(x) = \frac{1}{x}$ e consideremos $k = 0$. Dizer que $x \to 0$ significa que x pode se aproximar de *zero* tanto quanto se queira e, quanto mais próximo $|x|$ estiver de *zero*, maior será o valor de $\left|\frac{1}{x}\right|$. Ainda, os valores de $\left|\frac{1}{x}\right|$ não são limitados. Por exemplo, seja $M = 10000$, então basta considerar $\delta = \frac{1}{10000}$ e teremos $|f(x)| = \left|\frac{1}{x}\right| > 10000 = M$ desde que $|x - 0| = |x| < \frac{1}{10000}$.

Logo,

$$\lim_{x \to 0} \frac{1}{x} = \infty$$

Podemos observar que se x se aproxima de *zero* por valores positivos, então $\frac{1}{x}$ é também positivo e crescente. Se x se aproxima de *zero* por valores negativos, então $\frac{1}{x}$ é também negativo e decrescente. Esse fato pode ser denotado por:

$$\lim_{x \to 0^+} \frac{1}{x} = +\infty \quad \text{(limite à direita)}$$

$$\text{e} \lim_{x \to 0^-} \frac{1}{x} = -\infty \quad \text{(limite à esquerda)}$$

4 Limites e Continuidade

De qualquer maneira, $x = 0$ é uma *assíntota vertical* da função $f(x) = \frac{1}{x}$.

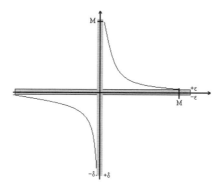

Fig.3.3 - Assíntotas da função $f(x) = \dfrac{1}{x}$

Propriedades dos limites infinitos

1. Se $\lim_{x \to a} f(x) = +\infty$ e $\lim_{x \to a} g(x) = k$, então
a) $\lim_{x \to a}[f(x) + g(x)] = +\infty$
b) $\lim_{x \to a}[f(x).g(x)] = \begin{cases} +\infty & \text{se } k > 0 \\ -\infty & \text{se } k < 0 \end{cases}$
Se $k = 0$, é necessário uma análise mais apurada.

2. Se $\lim_{x \to a} f(x) = -\infty$ e $\lim_{x \to a} g(x) = k$, então
a) $\lim_{x \to a}[f(x) + g(x)] = -\infty$
b) $\lim_{x \to a}[f(x).g(x)] = \begin{cases} -\infty & \text{se } k > 0 \\ +\infty & \text{se } k < 0 \end{cases}$

3. Seja $f(x)$ uma função racional, isto é, $f(x) = \frac{P(x)}{Q(x)}$, onde
$P(x) = \sum_{k=0}^{n} a_k x^{n-k} = a_0 x^n + a_1 x^{n-1} + \ldots + a_n$; com $a_0 \neq 0$
$Q(x) = \sum_{k=0}^{m} b_k x^{m-k} = b_0 x^m + b_1 x^{m-1} + \ldots + b_m$; com $b_0 \neq 0$.
Então,

$$\lim_{x \to \pm\infty} f(x) = \begin{cases} 0 & \text{se } n < m; \\ \frac{a_0}{b_0} & \text{se } n = m \\ +\infty & \text{se } [n > m \text{ e } a_0 b_0 > 0] \\ -\infty & \text{se } [n > m \text{ e } a_0 b_0 < 0] \end{cases}$$

4) $\lim_{x \to k} f(x) = 0 \iff \lim_{x \to k} \frac{1}{f(x)} = \infty$.

4 Limites e Continuidade

O comportamento de uma curva para pontos "distantes" da origem nos leva ao estudo das assíntotas cuja definição mais geral é dada por:

Definição 8. *Seja $y = f(x)$ uma curva do plano e $P(x,y)$ um ponto arbitrário desta curva. Seja d a distância deste ponto P a uma reta r. Dizemos que essa reta r é uma assíntota à curva se $d \to 0$ quando $P \to \infty$. Em outras palavras, para todo $\in > 0$, existe $M>0$ tal que $d< \in$ se $\sqrt{x^2 + y^2} > M$.*

Por essa definição, é claro que se $\lim_{x \to a} f(x) = \infty$ então a reta vertical $x = a$ é uma assíntota à curva $y = f(x)$.

Proposição 8. *A reta $y = ax + b$ é uma assíntota da curva $y = f(x)$ se, e somente se, $\lim_{x \to \infty} [f(x) - ax - b] = 0$.*

Essa proposição segue imediatamente da definição.

Agora, se $y = ax + b$ é uma assíntota da curva $y = f(x)$, podemos determinar as constantes a e b da seguinte forma:

$$\lim_{x \to \infty} [f(x) - ax - b] = 0 \Longleftrightarrow \lim_{x \to \infty} x \left[\frac{f(x)}{x} - a - \frac{b}{x} \right] = 0 \Longleftrightarrow \lim_{x \to \infty} \left[\frac{f(x)}{x} - a - \frac{b}{x} \right] = 0$$

$$\Longleftrightarrow$$

$$\lim_{x \to \infty} \frac{f(x)}{x} = a$$

Conhecendo o valor de a podemos determinar b tomando

$$b = \lim_{x \to \infty} [f(x) - ax]$$

Se um dos limites não existir, então a curva não admite uma reta como assíntota. Também é claro que se $a = 0$, a reta assíntota será horizontal se $\lim_{x \to \infty} f(x) = b$.

Exemplo. Encontrar as assíntotas da curva $y = \frac{x^2 + x}{x - 1}$.

Solução: (a) Temos que

$$\lim_{x \to 1^+} \frac{x^2 + x}{x - 1} = +\infty$$

$$\lim_{x \to 1^-} \frac{x^2 + x}{x - 1} = -\infty$$

4 Limites e Continuidade

Então, $x = 1$ é uma assíntota vertical.

(b) Para se ter assíntota inclinada ou horizontal, é necessário (mas não suficiente) que $\lim_{x \to \pm\infty} \frac{x^2+x}{x-1} = \pm\infty$, que é este caso, uma vez que o grau do polinômio $P(x) = x^2 + x$ é maior que do polinômio $Q(x) = x - 1$.

Se tiver assíntota inclinada ou horizontal $y = ax + b$, seu coeficiente angular a será

$$a = \lim_{x \to +\infty} \left(\frac{x^2+x}{x-1} \right) \frac{1}{x} = \lim_{x \to +\infty} \frac{x^2+x}{x^2-x} = 1$$

e a constante b é dada por:

$$b = \lim_{x \to +\infty} \left[\frac{x^2+x}{x-1} - x \right] = \lim_{x \to +\infty} \frac{2x}{x-1} = 2$$

Assim, $y = x + 2$ é uma assíntota inclinada da curva $y = \frac{x^2+x}{x-1}$.

Para investigar a posição da curva em relação à assíntota toma-se a diferença

$$\delta = \left(\frac{x^2+x}{x-1} \right) - (x+2) = \frac{2}{x-1}$$

Temos $\delta > 0 \iff x > 1$.

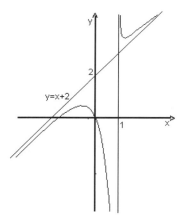

Fig.3.4 - A curva e suas assíntotas

4.3 Limites

Definição 9. *Dada uma função real f e os números a e L, dizemos que L é o limite de f(x) quando x tende ao valor a, se para cada número positivo ∈ existe um número positivo δ tal que a distância de f(x) a L é menor que ∈ quando a distância entre x e a é menor que δ. Em outras palavras, a função se aproxima de L quando a variável independente x se aproxima de a.*

Notação: $\lim_{x \to a} f(x) = L$ ou, abreviadamente, $f(x) \longrightarrow L$ quando $x \longrightarrow a$.

A definição em si mesma deve ser interpretada como um teste, ou seja, quando dado um qualquer número positivo ("arbitrariamente pequeno") que chamamos de ∈, o teste consiste em encontrar outro número positivo δ, de modo que $f(x)$ satisfaça $(L- \in) < f(x) < (L+ \in)$ se x estiver no intervalo $(a - \delta, a + \delta)$.

Uma maneira formal de escrever esta definição é:

$$\lim_{x \to a} f(x) = L \iff \forall \in > 0, \exists \delta > 0 \text{ tal que } |f(x) - L| < \in \text{ se } |x - a| < \delta$$

Geometricamente, a definição nos garante que se ∈> 0 é dado, podemos encontrar um δ > 0 de modo que o gráfico da função f esteja contido no retângulo limitado pelas retas $x = a - \delta$, $x = a + \delta$, $y = L- \in$ e $y = L+ \in$ (veja fig. 3.5)

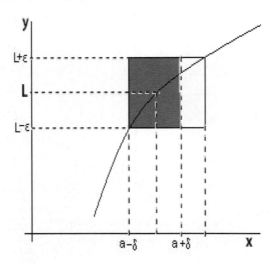

Fig.3.5 - Limite de uma função

4 Limites e Continuidade

Exemplo: Seja $f(x) = \frac{1}{x+1}$ com $x \neq -1$.

Vamos encontrar um valor $\delta > 0$, tal que $\left|f(x) - \frac{1}{2}\right| < 0,01$ se $|x-1| < \delta$, ou seja, devemos determinar δ de modo que a curva $f(x) = \frac{1}{x+1}$ esteja contida no retângulo limitado pelas retas $x = 1 - \delta$, $x = 1 + \delta$, $y = \frac{1}{2} + 0,01 = 0,51$ e $y = \frac{1}{2} - 0,01 = 0,49$.

Quando as retas $y = 0,51$ e $y = 0,49$ interceptam a curva determinamos um intervalo I no eixo-x com a propriedade: se $x \in I$, então $f(x) \in (0,49; 0,51)$;

$$\frac{1}{x+1} = 0,51 \Longrightarrow x_1 = \frac{49}{51} \quad \text{e} \quad \frac{1}{x+1} = 0,49 \Longrightarrow x_2 = \frac{51}{49} \Longrightarrow \begin{cases} (1 - x_1) = \frac{2}{51} = \delta_1 \\ (x_2 - 1) = \frac{2}{49} = \delta_2 \end{cases}$$

Agora, se considerarmos $\delta = Min(\delta_1, \delta_2) = \frac{2}{51}$, teremos para todo $x \in (1 - \delta, 1 + \delta)$, que $\left|f(x) - \frac{1}{2}\right| < 0,01$.

Devemos observar que, uma vez determinado um δ, então para qualquer valor **menor** que δ o resultado continua válido. Assim, se o gráfico da função está no retângulo $x = \frac{49}{51}; x = \frac{51}{49}; y = 0,51; y = 0,49$, certamente estará no retângulo menor $x = 0,97$; $x = 1,03$; $y = 0,51$; $y = 0,49$ e, portanto, para $\in = 0,01$ podemos tomar $\delta = 0,03$.

Agora, usando simplesmente a definição vamos mostrar que

$$\lim_{x \to 1} \frac{x}{x+1} = \frac{1}{2}$$

Solução: Temos $L = \frac{1}{2}$ e $a = 1$ e devemos mostrar que para todo $\in > 0$, podemos encontrar $\delta > 0$ tal que $\left|\frac{x}{x+1} - \frac{1}{2}\right| < \in$ quando $0 < |x-1| < \delta$;

Assim, dado $\in$ vamos resolver as equações

$$\begin{cases} \frac{x}{x+1} = \frac{1}{2} - \in \\ \\ \frac{x}{x+1} = \frac{1}{2} + \in \end{cases} \Rightarrow \begin{cases} x = (\frac{1}{2} - \in)(x+1) \Rightarrow x = \frac{\frac{1}{2} - \in}{\frac{1}{2} + \in} = x_1 \\ \\ x = (\frac{1}{2} + \in)(x+1) \Rightarrow x = \frac{\frac{1}{2} + \in}{\frac{1}{2} - \in} = x_2 \end{cases}$$

Então, tomamos o valor δ como sendo a menor das distâncias entre 1 e x_1 ou 1 e x_2 (no caso, $1 - x_1 < x_2 - 1$). Tomamos

$$\delta = 1 - x_1 = 1 - \frac{\frac{1}{2} - \in}{\frac{1}{2} + \in} = \frac{2 \in}{\frac{1}{2} + \in} = \frac{4 \in}{1 + 2 \in}$$

De uma maneira geral, usando apenas a definição, é complicado saber o valor do limite de uma função $f(x)$ quando x tende a a. Apresentaremos agora alguns teoremas

4 Limites e Continuidade

que facilitam esse tipo de problema. As demonstrações, entretanto, nem sempre são feitas.

Teorema 1. *(**Unicidade do limite**) Suponhamos que* $\lim_{x \to a} f(x) = L_1$ *e* $\lim_{x \to a} f(x) = L_2$, *então* $L_1 = L_2$.

Demonstração: Vamos supor que $L_1 \neq L_2$ e mostrar que isto é impossível.

Seja $\in = \frac{1}{2}|L_1 - L_2| > 0$, pois estamos supondo que $L_1 \neq L_2$.

desde que $\lim_{x \to a} f(x) = L_1$, sabemos, por definição, que existe $\delta_1 > 0$ tal que

$$0 < |x - a| < \delta_1 \implies |f(x) - L_1| < \in \tag{4.3.1}$$

Analogamente, de $\lim_{x \to a} f(x) = L_2$, existe $\delta_2 > 0$, tal que

$$0 < |x - a| < \delta_2 \implies |f(x) - L_2| < \in \tag{4.3.2}$$

Tomando $\delta = Min\{\delta_1, \delta_1\}$, teremos as duas desiguldades válidas, isto é,

$$0 < |x - a| < \delta \implies |f(x) - L_1| < \in \text{ e } |f(x) - L_2| < \in$$

Como $L_1 - L_2 = L_1 - f(x) + f(x) - L_2$, temos

$$|L_1 - L_2| = |L_1 - f(x) + f(x) - L_2| \le |L_1 - f(x)| + |f(x) - L_2|$$

Agora, $\in = \frac{1}{2}|L_1 - L_2| \le \frac{1}{2}|L_1 - f(x)| + \frac{1}{2}|f(x) - L_2| < \frac{1}{2} \in + \frac{1}{2} \in = \in$, ou seja, $\in < \in$, o que é absurdo. Portanto, a suposição $L_1 \neq L_2$ é falsa.

Teorema 2. *Seja f(x) uma função constante, isto é, f(x)=c para todos os valores x de seu domínio. Então, para qualquer número* $a \in \mathbb{R}$, *temos*

$$\lim_{x \to a} f(x) = c$$

Esse teorema é demonstrado aplicando simplesmente a definição de limite à particular função constante (verifique).

Teorema 3. *(**Limite de uma soma ou diferença**) Se f e g são duas funções com*

$$\lim_{x \to a} f(x) = L_1 \text{ e } \lim_{x \to a} g(x) = L_2$$

4 Limites e Continuidade

então,

$$\lim_{x \to a} [f(x) \pm g(x)] = L_1 \pm L_2$$

A demonstração é bastante simples, seguindo a mesma linha da demonstração de *unicidade do limite* (mostre!)

Observamos que esse resultado pode ser extendido para um número finito de parcelas, isto é, se $\lim_{x \to a} f_j(x) = L_j$

$$\lim_{x \to a} \sum_{j=1}^{n} f_j(x) = \sum_{j=1}^{n} \lim_{x \to a} f_j(x) = \sum_{j=1}^{n} L_j$$

A demonstração pode ser feita por indução (faça!).

Teorema 4. *(**Limite de um produto**) Se f e g são duas funções com*

$$\lim_{x \to a} f(x) = L_1 \quad e \quad \lim_{x \to a} g(x) = L_2$$

então,

$$\lim_{x \to a} [f(x).g(x)] = L_1.L_2$$

De maneira análoga à consequência do teorema anterior, podemos afirmar também que o limite do produto de qualquer número finito de funções é o produto dos limites de cada uma das funções.

Teorema 5. *(**Limite de um quociente**) Se f e g são duas funções com*

$$\lim_{x \to a} f(x) = L_1 \quad e \quad \lim_{x \to a} g(x) = L_2 \quad com \ L_2 \neq 0$$

então,

$$\lim_{x \to a} \left[\frac{f(x)}{g(x)} \right] = \frac{L_1}{L_2}$$

Exemplo: Vamos mostrar que $\lim_{x \to 3} \dfrac{x^2 - 9}{x - 3} = 6$.

Se considerarmos $\frac{f(x)}{g(x)} = \frac{x^2 - 9}{x - 3}$, não podemos aplicar o teorema anterior uma vez que o limite do denominador é nulo, isto é, $\lim_{x \to 3} g(x) = \lim_{x \to 3} (x - 3) = 0$.

Observe, no entanto, que $F(x) = \frac{x^2 - 9}{x - 3} = \frac{(x-3)(x+3)}{x-3} = x + 3 = G(x)$, para todo $x \neq 3$, ou seja, $F(x) = G(x)$ exceto no ponto $x = 3$. Por outro lado, $\lim_{x \to 3} G(x) = 6$, isto é,

4 Limites e Continuidade

Dado $\epsilon > 0$, $\exists\,\delta > 0$ tal que se $0 < |x-3| < \delta$, então $|G(x)-6| < \epsilon$. Agora, como $|f(x)-6| = |G(x)-6|$ para $x \neq 3$, segue que para $0 < |x-3| < \delta$ temos $|f(x)-6| < 6 \Rightarrow \lim_{x \to 3} f(x) = 6$. Então, devemos ter $\lim_{x \to 3} F(x) = \lim_{x \to 3} G(x) = \lim_{x \to 3}(x+3) = 6$.

A proposição anterior pode ser generalizada:

Proposição 9. *Sejam f e g duas funções com $f(x) = g(x)$ num intervalo (a,b), exceto no ponto $x = c \in (a,b)$. Se $\lim_{x \to c} g(x) = L$ então $\lim_{x \to c} f(x) = L$.*

Exemplo: Seja x a distância de um carro, em movimento, em relação a um ponto fixo. Essa distância varia com o tempo t, isto é, $x = f(t)$. Para encontrar a *velocidade* num instante t_0, devemos considerar a distância percorrida quando o tempo varia de t a t_0, isto é, $d = f(t) - f(t_0)$.

A fórmula $v_m = \frac{f(t)-f(t_0)}{t-t_0}$ nos dá a *velocidade média* no intervalo de tempo $[t, t_0]$. A *velocidade instantânea* (no instante t_0) é dada por

$$v(t_0) = \lim_{t \to t_0} \frac{f(t) - f(t_0)}{t - t_0}$$

Teorema 6. *Se n é um número natural e se f é tal que*

$$\lim_{x \to a} f(x) = L, \qquad L > 0$$

então

$$\lim_{x \to a} \sqrt[n]{f(x)} = \sqrt[n]{L}$$

Exercícios

1. Mostre usando a definição que $\lim_{x \to 1} \dfrac{x+1}{x} = 2$.

2. Se $f(x) = x^2$, encontre um valor para $\delta > 0$ de modo que, se $0 < |x-2| < \delta$, então $|x^2 - 4| < 0,01$.

3. Demonstre os teoremas apenas enunciados.

4. Calcule $\lim_{x \to 2} \dfrac{2x^2 - 1}{x^3}$, indicando passo a passo o teorema aplicado.

5. Mostre que $\lim_{x \to 0} sen x = 0$.

4 Limites e Continuidade

6. Seja a função

$$f(x) = \begin{cases} x^2 - 1 & \text{se } x < 0 \\ 1 - x & \text{se } x > 0 \end{cases}$$

Mostre que $\lim_{x \to 1} f(x) = 0$.

7. Calcule os seguintes limites

$$a) \lim_{x \to 1} \frac{x + 3}{2x^2 + 6x - 1}$$

$$b) \lim_{x \to 1} \frac{x^3 - 1}{x - 1}$$

$$c) \lim_{h \to 0} \frac{\sqrt{x + h} - \sqrt{x}}{h}, \ x \text{ positivo}$$

$$d) \lim_{x \to 0} \frac{\cos x - 1}{x}$$

4.4 Continuidade

O conceito de limite permite definir precisamente o que se entende por continuidade de uma função.

Observamos que podemos ter

$$\lim_{x \to x_0} f(x) = L$$

mesmo que f nem esteja definida no ponto x_0. Por exemplo, seja

$$f : \mathbb{R} - \{1\} \to \mathbb{R}, \text{ definida por } f(x) = \frac{1 - x^2}{x - 1}$$

Neste caso, f não está definida no ponto $x_0 = 1$ mas $\lim_{x \to x_0} f(x) = -2$.

Definição 10. *Uma função $f : A \subset \mathbb{R} \longrightarrow \mathbb{R}$ é contínua no ponto $x_0 \in A$ se $\lim_{x \to x_0} f(x)$ existe e é igual a $f(x_0)$, ou seja,*

$$\lim_{x \to x_0} f(x) = f(x_0)$$

Assim, uma condição necessária para que f seja contínua num ponto x é que f esteja definida neste ponto.

Exemplo: (a) A função $f(x) = \frac{1 - x^2}{x - 1}$ não é contínua no ponto $x_0 = 1$;

4 Limites e Continuidade

(b) a função $f(x) = \begin{cases} \frac{1-x^2}{x-1} & \text{se } x \neq 1 \\ -2 & \text{se } x = 1 \end{cases}$ é contínua em todo $\mathbb{R}$.

Definição 11. *Seja f definida no intervalo $a \leq x \leq b$, o* limite lateral à direita $\lim\limits_{x \to x_0^+} f(x)$ *é definido por*

$$\lim_{\substack{x > x_0 \\ x \to x_0}} f(x)$$

ou seja, x tende a x_0 por valores superiores a x_0.

Analogamente, definimos o *limite lateral à esquerda* por

$$\lim_{x \to x_0^-} f(x) = \lim_{\substack{x < x_0 \\ x \to x_0}} f(x)$$

Obs.: Se $a < x_0 < b$, então $\lim\limits_{x \to x_0} f(x) = L \Longleftrightarrow \lim\limits_{\substack{x > x_0 \\ x \to x_0}} f(x) = \lim\limits_{\substack{x < x_0 \\ x \to x_0}} f(x) = L$, este resultado decorre da unicidade do limite.

Se $f : [a,b] \to \mathbb{R}$, dizemos que f é contínua no ponto $x = a$ se

$$\lim_{x \to a^+} f(x) = f(a)$$

f é contínua em $x = b$ se

$$\lim_{x \to b^-} f(x) = f(b)$$

f é contínua no intervalo $[a,b]$ se for contínua em todos os pontos deste intervalo.

Quando uma função não é contínua em x_0, dizemos que é *descontínua no ponto x_0*.

Exemplo. Seja a função $f(x) = \begin{cases} \frac{1}{(x-1)^2} & \text{se } x \neq 1 \\ 1 & \text{se } x = 1 \end{cases}$

Temos que $f(x)$ cresce de modo a superar qualquer número real positivo quando x tende a 1. Portanto,

$$\lim_{x \to 1} f(x) \neq f(1) = 1$$

Logo, f é descontínua no ponto $x = 1$.

Exemplo: Seja a função $f(x) = \begin{cases} x + 1 & \text{se } -2 \leq x < 0 \\ x^2 & \text{se } 0 \leq x \leq 2 \end{cases}$

4 Limites e Continuidade

Para analisar o comportamento da função na vizinhança do ponto $x = 0$, consideramos os limites laterais:

$$\lim_{x \to 0^-} f(x) = \lim_{x \to 0^-} (x+1) = 1 \quad e \quad \lim_{x \to 0^+} f(x) = \lim_{x \to 0^+} (x^2) = 0$$

Logo, não existe $\lim_{x \to 0} f(x)$ e, portanto, f é descontínua no ponto $x = 0$.

Exemplo: Seja a função $f(x) = \begin{cases} \frac{x^2-9}{x-3} & \text{se } x \neq 3 \\ 6 & \text{se } x = 3 \end{cases}$

Nesse caso, $\lim_{x \to 3} f(x) = \lim_{x \to 3} \frac{(x+3)(x-3)}{x-3} = \lim_{x \to 3}(x+3) = 6 = f(3)$. Assim, f é contínua em $x = 3$ e é equivalente à forma $g(x) = x + 3$ para todo $x \in \mathbb{R}$.

A função cujo gráfico é a fig. 3.6 dá uma ideia geométrica dos pontos onde se tem descontinuidade:

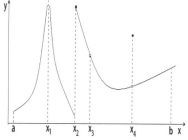

Fig.3.6 - A função f(x) é descontínua nos pontos x_1, x_2, x_3 e x_4

Observamos na fig. 3.6 que as descontinuidades de f decorrem de condições diferentes:

(a) $\lim_{x \to x_1} f(x) = +\infty$ e f nem está definida no ponto x_1;
(b) $\lim_{x \to x_2} f(x)$ não existe, pois os limites laterais são diferentes;
(c) $\lim_{x \to x_3} f(x) = L_1$ mas a função não está definida no ponto x_3;
(d) $\lim_{x \to x_4} f(x) = L_2 \neq f(x_4)$.

Exemplo: A função

$$f(x) = \begin{cases} 1 & \text{se } x \in \mathbb{Q} \\ 0 & \text{se } x \in I \end{cases}$$

4 Limites e Continuidade

é descontínua em todos os pontos da reta $\mathbb{R}$ (verifique).

Exemplo: A função

$$f(x) = \begin{cases} x^2 & \text{se } x \in \mathbb{Q} \\ 2x - 1 & \text{se } x \in I \end{cases}$$

está definida em toda reta $\mathbb{R}$, mas é contínua somente no ponto $x = 1$ (verifique).

Os seguintes teoremas permitem verificar diretamente a continuidade das funções por meio de suas propriedades.

Teorema 7. *Sejam $f(x)$ e $g(x)$ funções definidas no intervalo $[a,b]$. Se f e g são contínuas no ponto $x_0 \in [a,b]$, então*

(a) $h(x) = f(x) \pm g(x)$ *é contínua em x_0;*
(b) $h(x) = f(x)g(x)$ *é contínua em x_0;*
(c) $h(x) = \frac{f(x)}{g(x)}$ *é contínua em x_0 se $g(x_0) \neq 0$.*

Prova: É uma consequência imediata dos teoremas anteriores - de fato, f e g contínuas em x_0 implicam que

$$\lim_{x \to x_0} f(x) = f(x_0) \quad \text{e} \quad \lim_{x \to x_0} g(x) = g(x_0)$$

Então,

$$\lim_{x \to x_0} h(x) = \lim_{x \to x_0} [f(x) \pm g(x)] = \lim_{x \to x_0} f(x) \pm \lim_{x \to x_0} g(x) = f(x_0) \pm g(x_0)$$

$$\lim_{x \to x_0} h(x) = \lim_{x \to x_0} [f(x)g(x)] = \lim_{x \to x_0} f(x).\lim_{x \to x_0} g(x) = f(x_0).g(x_0) = h(x_0)$$

$$\lim_{x \to x_0} h(x) = \lim_{x \to x_0} \frac{f(x)}{g(x)} = \frac{\lim_{x \to x_0} f(x)}{\lim_{x \to x_0} g(x)} = \frac{f(x_0)}{g(x_0)} \quad \text{se } g(x_0) \neq 0.$$

Se o ponto x_0 for uma das extremidades do intervalo $[a,b]$, a prova é feita usando-se limites laterais.

Teorema 8. *Se $f(x)$ é um polinômio, então f é contínua para todo $x \in \mathbb{R}$.*

Prova: (Exercício)

Sugestões: a) Mostre que se $f(x) = k$ (k constante), então f é contínua para todo $x \in \mathbb{R}$;

4 Limites e Continuidade

b) Mostre que $f(x) = x^n, n \in \mathbb{N}$, é contínua para todo $x \in \mathbb{R}$ e $n \in \mathbb{N}$ (use indução completa);

c) Use o teorema anterior (partes a e b).

Teorema 9. *Se $f(x)$ é uma função racional, então f é contínua em todo intervalo no qual o denominador não tem raiz.*

Prova: (Exercício)

Sugestão: Use o teorema 5.

Teorema 10. *Sejam $f(x)$ uma função definida no intervalo $[a,b]$, com possível excessão no ponto $x_0 \in [a,b]$, e $g(x)$ uma função definida na imagem $[c,d]$ da função f. Se g é contínua em $y_0 \in [c,d]$ e se $\lim_{x \to x_0} f(x) = y_0$, então*

$$\lim_{x \to x_0} g(f(x)) = g(y_0)$$

ou equivalentemente,

$$\lim_{x \to x_0} g(f(x)) = g\left[\lim_{x \to x_0} f(x)\right]$$

Ainda, se f é contínua em x_0, então $F = f \circ g$ é contínua em x_0.

Prova: g contínua em $y_0 \iff$ dado $\epsilon > 0$, existe $\epsilon^* > 0$ tal que $|g(y) - g(y_0)| < \epsilon$ se $0 < |y - y_0| < \epsilon^*$;

$\lim_{x \to x_0} f(x) = y_0 \iff$ dado $\epsilon^* > 0$, existe $\delta > 0$ tal que $|f(x) - f(x_0)| < \epsilon^*$ se $0 < |x - x_0| < \delta$, ou equivalentemente, $|y - y_0| < \epsilon^*$ se $0 < |x - x_0| < \delta$.

Assim, para $\epsilon > 0$ existe $\delta > 0$ tal que $|g(f(x)) - g(y_0)| < \epsilon$ desde que $0 < |x - x_0| < \delta \implies \lim_{x \to x_0} g(f(x)) = g(y_0)$.

Agora, se f é contínua em x_0, então $y_0 = f(x_0)$ e $\lim_{x \to x_0} F(x) = \lim_{x \to x_0} g(f(x)) = g\left[\lim_{x \to x_0} f(x)\right] = g(f(x_0)) = F(x_0)$.

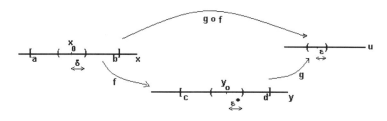

Fig.3.7 - Esquema da demonstração do teorema

4 Limites e Continuidade

4.4.1 Alguns resultados importantes

Teorema 11. *(Valor intermediário) Seja $f(x)$ uma função definida e contínua no intervalo $[a,b]$ e sejam x_1, $x_2 \in [a,b]$. Se $f(x_1) = y_1$ e $f(x_2) = y_2$ com $y_1 \neq y_2$, então para todo $y \in [y_1, y_2]$ existe um número $x \in [a,b]$ tal que $f(x) = y$.*

Exercício: Mostre, com um exemplo, que se a função for descontínua em um ponto de $[a,b]$, então o teorema não vale.

Teorema 12. *(Weierstrass) Seja $f(x)$ uma função definida e contínua no intervalo $[a,b]$. Então existem dois números m e M tais que $f(x_1) = m$ e $f(x_2) = M$ para $x_1, x_2 \in [a,b]$ e tal que $m \leq f(x) \leq M$, para todo $x \in [a,b]$.*
$m = $ mínimo absoluto de $f(x)$ em $[a,b]$;
$M = $ máximo absoluto de $f(x)$ em $[a,b]$.

Esse teorema garante que se uma função for contínua num intervalo fechado, ela assume um mínimo absoluto e um máximo absoluto neste intervalo.

Exercício: (a) Mostre que o teorema de Weierstrass é falso se o domínio da f for um intervalo aberto.

(b) Mostre que o teorema também não vale se existe um ponto no intervalo [a,b] onde a função é descontínua.

Observamos que esse resultado é muito útil para resolver problemas de otimização (cap. 4).

A definição de continuidade de uma função em um ponto pode também ser colocada com a seguinte formulação:

$$\lim_{h \to 0} f(x_0 + h) = f(x_0) \iff \lim_{x \to x_0} f(x) = f(x_0) \tag{4.4.1}$$

Proposição 10. *A função $f(x)=sen\ x$ é contínua para todo $x \in \mathbb{R}$*

Prova: $\lim_{h \to 0} sen(x_0+h) = \lim_{h \to 0} [sen\ x_0 \cosh + \cos x_0 sen\ h] = sen\ x_0 \left[\lim_{h \to 0} \cosh\right] + \cos x_0 \left[\lim_{h \to 0} ser \right.$
$sen\ x_0$.

Usamos o fato que

$$\lim_{h \to 0} sen\ h = 0 \text{ (Exercício 5 de limites)} \implies \lim_{h \to 0} \cos h = 1, \text{ pois } \cosh = \sqrt{1 - sen^2 h}$$

4 Limites e Continuidade

Como consequência do teorema 8 e da proposição 10, temos que a função $f(x) = \cos x$ também é contínua em todo $\mathbb{R}$.

Definição 12. *Seja $f(x)$ definida em $[a,b]$. Se f é descontínua em $x_0 \in [a,b]$, dizemos que a descontinuidade é removível se existir (finito) o $\lim_{x \to x_0} f(x)$. Nesse caso, podemos definir uma função contínua $g(x)$ por:*

$$g(x) = \begin{cases} f(x) & se \quad x \neq x_0 \\ \lim_{x \to x_0} f(x) & se \ x = x_0 \end{cases}$$

Exercício:

1. Mostre que se $f_1(x), f_2(x), ..., f_n(x)$ são funções contínuas em $x = x_0$, então as funções $h(x) = \sum_{j=1}^{n} f_j(x)$ e $g(x) = \prod_{j=1}^{n} f_j(x)$ são também contínuas em x_0 (sugestão: use indução).

2. Verifique se a função $f(x) = \frac{x^2 - 3x + 2}{x - 2}$ tem descontinuidade removível no ponto $x = 2$.

3. Se $f(x) = tg\, x$, determine os intervalos da reta $\mathbb{R}$ onde f é contínua.

4. Mostre que

$$\lim_{x \to x_0} f(x) = L \Longleftrightarrow \lim_{h \to 0} f(x_0 + h) = L$$

5. Determine os limites

$$\lim_{x \to 1} \frac{x^4 + 3x^2 - x + 1}{x^7 - 1}$$

$$\lim_{x \to \pi} sen \sqrt{x} \cos^3 x$$

$$\lim_{x \to \pi} tg(sen\, \frac{x}{2})$$

5 Derivada

Escadas da igreja Sagrada Família (Barcelona) (foto do autor)

"O método de Liebnitz pouco difere do meu, exceto na forma das palavras e dos símbolos"
Newton[1]

A modelagem matemática com toda sua abrangência e poder de síntese, fornecida, em grande parte, pelas notações de Liebnitz de derivadas, é por excelência o método científico das ciências factuais.

---

[1] A discussão sobre quem tinha iniciado o Cálculo tornou-se bastante exaltada, não era apenas uma questão de notações. Newton recebeu apoio unânime na Grã-Bretanha, enquanto a Europa continental ficou ao lado de Liebnitz.

5 Derivada

Um dos objetivos práticos de se estudar Matemática é poder formular modelos que traduzem, de alguma forma, processos ou fenômenos da realidade. A formulação de modelos consiste, *grosso modo*, de um relacionamento entre as variáveis que atuam no fenômeno. Quando temos uma variável y dependendo quantitativamente de uma outra variável independente x, podemos, muitas vezes, construir o modelo matemático ou analisar esta dependência através das características variacionais destas variáveis, ou seja, o modelo é formulado através das *variações* dessas grandezas.

5.1 Variações

5.1.1 Variações discretas

As variações discretas são bastante usadas em dinâmica populacional. Seja P o número de indivíduos numa população. Considerando que P *varia* com o tempo t, podemos induzir que P seja uma função de t, isto é, $P = P(t)$.

Sejam t_1 e t_2 dois instantes com $t_1 < t_2$, então, a diferença

$$\Delta P = P_2 - P_1 = P(t_2) - P(t_1)$$

é a *variação total* (ou simplesmente variação) do tamanho da população no intervalo de tempo de t_1 a t_2.

Observamos que se $\Delta P > 0$, então a população aumenta em quantidade nesse intervalo, e se $\Delta P < 0$, a população decresce. Ainda, se $\Delta P = 0$, a população permanece inalterada, em tamanho, neste intervalo de tempo.

Para analisarmos com que rapidez o tamanho da população varia, devemos levar em consideração o tempo transcorrido entre as medidas de $P(t_1)$ e $P(t_2)$.

Seja $\Delta t = t_2 - t_1$ (tempo transcorrido de t_1 a t_2).

A proporção

$$\frac{\Delta P}{\Delta t} = \frac{P(t_2) - P(t_1)}{t_2 - t_1}$$

mostra quanto a população varia por unidade de tempo. Esse valor é denominado *variação média* por unidade de tempo ou taxa média de variação (ou simplesmente *taxa de variação*).

Por exemplo, a variação média da população brasileira entre $t_1 = 1980$ e $t_2 = 1991$

5 Derivada

foi de $2,529$ milhões por ano. Ao passo que de 1991 a $t_3 = 2010$ foi de

$$\frac{P(t_3) - P(t_2)}{2010 - 1991} = \frac{190,7 - 146,8}{19} = 2,31 \text{milhões}$$

Outro tipo de medida de variação utilizada é a *variação relativa* ou *taxa de crescimento específico*. Essa taxa fornece uma medida de variação relativamente ao valor inicial considerado e sua expressão analítica depende do modelo populacional utilizado. Os casos mais usados para esse tipo de taxa são:

a. *Taxa de variação média relativa* (linear) que é dada por:

$$\frac{\Delta P}{P_1 \Delta t} = \frac{P(t_2) - P(t_1)}{P_1(t_2 - t_1)}$$

Com os dados das populações anteriores, temos

$$\frac{2,529}{119,0} = 0,02125 \text{ entre os anos 1980 e 1991}$$

$$\frac{2,31}{146,82} = 0,01573 \text{ entre os anos 1991 e 2010.}$$

Observamos que a taxa de crescimento populacional brasileira está decrescendo, passando de $2,125\%$ ao ano (entre os anos 1980 e 1991) para $1,574\%$ ao ano (entre os anos 1991 e 2010).

b. *Taxa de variação malthusiana*, proveniente de um crescimento exponencial em cada unidade de tempo

$$P_{t+1} - P_t = \alpha P_t$$
$$P_{t+2} - P_{t+1} = \alpha P_{t+1}$$

$$- -$$

$$P_{t+\Delta t} - P_{t+\Delta t-1} = \alpha P_{t+\Delta t-1}$$

$$- (+)$$

$$P_{t+\Delta t} - P_t = \alpha \left[P_t + P_{t+1} + ... + P_{t+\Delta t-1} \right]$$

Logo,

$$P_{t+\Delta t} - P_t = \alpha P_t \left[1 + (1 + \alpha) + ... + (1 + \alpha)^{\Delta t-1} \right]$$

5 Derivada

Assim,

$$\frac{P_{t+\Delta t} - P_t}{P_t} = \alpha \frac{(1+\alpha)^{\Delta t} - 1}{\alpha} \implies \frac{P_{t+\Delta t}}{P_t} - 1 = (1+\alpha)^{\Delta t} - 1$$

Logo,

$$\alpha = \sqrt[\Delta t]{\frac{P_{t+\Delta t}}{P_t}} - 1$$

No caso da população brasileira temos

$$\alpha_1 = \sqrt[11]{\frac{146,8}{119,0}} - 1 = 0,01928 \text{ entre os anos 1980 e 1991}$$

$$\alpha_2 = \sqrt[19]{\frac{190,7}{146,8}} - 1 = 0,01386 \text{ entre os anos 1991 e 2010.}$$

ou seja, a população brasileira cresceu (em média) 1,386% ao ano, durante 19 anos (de 1991 a 2010).

Exercício. Se a taxa de crescimento se mantiver constante ($\alpha = 0,01386/\text{ano}$), em quantos anos a população será o dobro da atual? R:50,3564 anos.

5.1.2 Variações Contínuas

As variações discretas, vistas anteriormente, podem ser reformuladas em termos mais gerais:

Seja $f : [a,b] \longrightarrow \mathbb{R}$ e sejam x_1 e x_2 pontos do intervalo $[a,b]$, então definimos:

(a) *Variação simples* (ou absoluta) de $y = f(x)$:

$$\Delta y = f(x_2) - f(x_1)$$

(b) *Variação média* de $y = f(x)$:

$$\frac{\Delta y}{\Delta x} = \frac{f(x_2) - f(x_1)}{x_2 - x_1}$$

é a proporção entre as variações de y e de x. A variação média mostra o quanto variou y por unidade de x.

A expressão $\frac{\Delta y}{\Delta x}$ mede o coeficiente angular (ou inclinação) da reta que passa pelos pontos $(x_1, f(x_1))$ e $(x_2, f(x_2))$, isto é,

$$\frac{\Delta y}{\Delta x} = tg\ \alpha$$

5 Derivada

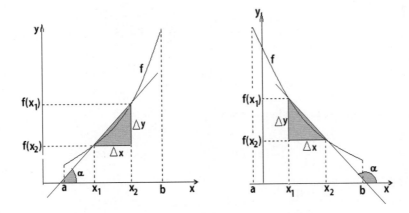

Fig. 4.1 - Variação média é o coeficiente angular da reta que une os pontos $(x_1, f(x_1))$ e $(x_2, f(x_2))$

(c) *Variação relativa* de $y = f(x)$:

$$\frac{1}{y_1}\frac{\Delta y}{\Delta x} = \frac{1}{f(x_1)}\frac{f(x_2)-f(x_1)}{x_2-x_1}$$

mostra a variação de y por unidade de x, relativa ao estágio inicial y_1.

(d) *Variação instantânea* de $y = f(x)$ num ponto x_0 é dada pelo valor do limite (quando tal limite existir):

$$\lim_{x \to x_0} \frac{f(x)-f(x_0)}{x-x_0} = \lim_{\Delta x \to 0} \frac{f(x_0+\Delta x)-f(x_0)}{\Delta x}$$

Definição 13. *A derivada de uma função f, em um ponto x de seu domínio, é a variação instantânea de f neste ponto, isto é,*

$$f'(x) = \frac{dy}{dx} = \lim_{\Delta x \to 0} \frac{f(x+\Delta x)-f(x)}{\Delta x}$$

Observamos que se f está definida no intervalo fechado $[a,b]$*, então definimos*

$$f'(a) = \lim_{\Delta x \to 0^+} \frac{f(a+\Delta x)-f(a)}{\Delta x} \quad e \quad f'(b) = \lim_{\Delta x \to 0^-} \frac{f(b+\Delta x)-f(b)}{\Delta x}$$

A derivada $f'(x_0)$ é o valor do coeficiente angular da reta tangente à curva no ponto $(x_0, f(x_0))$.

5 Derivada

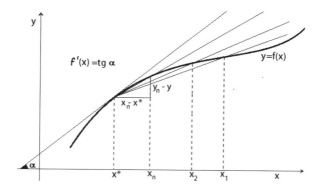

Fig.4.2 - (Interpretação geométrica da derivada) $f'(x)^*$

No caso dessa definição, podemos entender Δx_i como sendo uma sequência de valores $\Delta x_i = x_i - x^*$. Se $x_i \to x^*$, então $\Delta x_i \to 0$ e a sequência das variações médias $\left\{\frac{y_n - y}{x_n - x^*}\right\}$ converge para $f'(x^*)$.

Exemplo. Seja $y = f(x) = x^2$, vamos determinar o valor de sua derivada em um ponto geral $x \in \mathbb{R}$.

Temos que $f(x + h) = (x + h)^2 = x^2 + 2xh + h^2$

$$\Delta y = f(x + h) - f(x) = 2xh + h^2 \implies$$
$$\frac{\Delta y}{h} = \frac{f(x + h) - f(x)}{h} = 2x + h \text{ e } \lim_{h \to 0}(2x + h) = 2x$$

Portanto, $f'(x) = 2x$.

Exemplo. Cálculo da derivada da função $f(x) = \frac{1}{x}$ ($x \neq 0$) no ponto $x = 2$.
$\Delta y = f(x + h) - f(x) = \frac{1}{x+h} - \frac{1}{x} = \frac{-h}{x(x+h)}$;

$$\frac{f(x+h) - f(x)}{h} = \frac{-1}{x(x+h)} \implies \lim_{h \to 0} \frac{-1}{x(x+h)} = \frac{-1}{x^2} = f'(x)$$

Portanto $f'(2) = -\frac{1}{4}$.

De outra maneira,

$$f'(2) = \lim_{x \to 2} \frac{f(x) - f(2)}{x - 2} = \lim_{x \to 2} \frac{\frac{1}{x} - \frac{1}{2}}{x - 2} = \lim_{x \to 2} \frac{\frac{2-x}{2x}}{x - 2} = \lim_{x \to 2} \left(\frac{2-x}{x-2}\right)\frac{1}{2x} = -\frac{1}{4}$$

5 Derivada

Exemplo. Seja a função $f(x) = \sqrt{x}$ com $x \geqslant 0$.

$$f'(x) = \lim_{h \to 0} \frac{\sqrt{x+h} - \sqrt{x}}{h} = \lim_{h \to 0} \frac{\left(\sqrt{x+h} - \sqrt{x}\right)\left(\sqrt{x+h} + \sqrt{x}\right)}{h\left(\sqrt{x+h} + \sqrt{x}\right)}$$

$$= \lim_{h \to 0} \frac{x+h-x}{h\left(\sqrt{x+h} + \sqrt{x}\right)} = \lim_{h \to 0} \frac{1}{\sqrt{x+h} + \sqrt{x}} = \frac{1}{2\sqrt{x}}$$

Observamos que a função não tem derivada no ponto $x = 0$. Nesse caso particular, a reta tangente à curva no ponto $(0, 0)$ é perpendicular ao eixo-x.

Exemplo. Seja $f(x) = \begin{cases} x & \text{se } x < 0 \\ x^2 & \text{se } x > 0 \\ 0 & \text{se } x = 0 \end{cases}$. Verificar se existe $f'(0)$.

Solução: Usando a definição de derivada, temos

$$f'(x) = \begin{cases} 1 & \text{se } x < 0 \\ 2x & \text{se } x > 0 \end{cases}$$

Para determinar $f'(0)$ devemos usar o conceito de derivada lateral, isto é,

$$f'(0^+) = \lim_{x \to 0^+} \frac{f(x) - f(0)}{x - 0} = \lim_{x \to 0^+} \frac{x^2 - 0}{x - 0} = \lim_{x \to 0^+} x = 0$$

Por outro lado,

$$f'(0^-) = \lim_{x \to 0^-} \frac{f(x) - f(0)}{x - 0} = \lim_{x \to 0^-} \frac{x - 0}{x - 0} = 1$$

Assim, $f'(0^+) \neq f'(0^-)$ e, portanto, não existe $f'(0)$.

5 Derivada

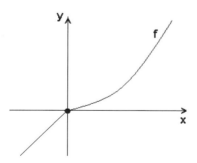

Fig.4.3 - A curva $f(x)$ tem uma "ponta" em 0.

Observamos que *se uma função é descontínua em um ponto x_0 de seu domínio, então não existe a derivada $f'(x_0)$*.

Em resumo, os casos mais comuns para que uma função não seja derivável em um ponto x_0 são:

○ f é descontínua em x_0;
○ f tem uma "ponta" em x_0 (os limites laterais são distintos);
○ $\lim_{\Delta x \to 0} \frac{\Delta y}{\Delta x} = \infty$ (a reta tangente à curva no ponto é perpendicular à abscissa).

Exercício. Dê um exemplo da não existência da derivada de uma função, para cada um dos casos anteriores.

Proposição 11. *Se uma função f tem derivada em um ponto x_0, então f é contínua em x_0.*

Demonstração: Para $x \neq x_0$ podemos escrever

$$f(x) = f(x) - f(x_0) + f(x_0) = (x - x_0)\frac{f(x) - f(x_0)}{x - x_0} + f(x_0)$$

logo,

$$\lim_{x \to x_0} f(x) = \lim_{x \to x_0} (x - x_0) \lim_{x \to x_0} \frac{f(x) - f(x_0)}{x - x_0} + \lim_{x \to x_0} f(x_0) =$$
$$= 0 . f'(x_0) + f(x_0) = f(x_0)$$

Portanto f é contínua no ponto onde é derivável.

A recíproca pode não ser verdadeira, isto é, uma função contínua num ponto x pode não ter derivada nesse ponto. Por exemplo, a função $f(x) = |x|$ não tem derivada no ponto $x = 0$ (verifique).

Interpretação geométrica da derivada

O conceito de *reta tangente* à curva num ponto, significando que a reta toca a curva em apenas um ponto, não é preciso e nem correto. Nossa intenção é esclarecer a ideia de reta tangente a uma curva:

Consideremos $y = f(x)$ uma função e $P = (x_0, f(x_0))$ um ponto da curva f. Desejamos calcular o *coeficiente angular m da reta tangente* à curva f no ponto P. A dificuldade é que conhecemos somente o ponto P da reta e temos a necessidade de dois pontos para determinar m. Para resolver este problema, consideramos um outro ponto Q da curva, *próximo* de P. O coeficiente angular m_1 da reta secante que liga os pontos P e Q deve ser aproximadamente igual a m.

Se as coordenadas de Q são $(x_1, f(x_1))$, então

$$m_1 = \frac{f(x_1) - f(x_0)}{x_1 - x_0} \quad \text{ou} \quad m_1 = \frac{f(x_0 + h) - f(x_0)}{h}$$

O ponto Q ser próximo de P significa que a distância $|h| = |x_1 - x_0|$ deve ser pequena

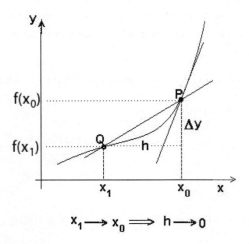

$x_1 \to x_0 \implies h \to 0$

Fig.4.4 - Interpretação geométrica da derivada

O coeficiente angular m da reta tangente à curva no ponto $P = (x_0, f(x_0))$ é o limite dos coeficientes angulares das retas secantes que unem pontos Q da curva ao ponto

P,

$$m = \lim_{h \to 0} m_1 = \lim_{h \to 0} \frac{f(x_0 + h) - f(x_0)}{h}$$

Dessa forma, podemos dizer que uma reta é tangente à curva $f(x)$ num ponto $P = (x_0, f(x_0))$ se seu coeficiente angular m for a derivada $f'(x_0)$, isto é,

$$y = f'(x_0)(x - x_0) + f(x_0)$$

Exemplo. Seja $f(x) = x^2 - 2x$ e o ponto $P = (2,0)$, é fácil ver que P pertence à curva f.

Consideremos o ponto $Q = (x_1, f(x_1)) = (2 + h, f(2 + h)) = (2 + h, h^2 + 2h)$ com $h \neq 0$.

$$m_1 = \frac{f(2+h) - f(2)}{h} = h + 2$$

Quando o ponto Q se aproxima de P, o valor de h se aproxima de zero e, portanto, o coeficiente angular da reta que liga P a Q se aproxima de $m = 2$, que será o coeficiente angular da reta tangente à curva $y = x^2 - 2x$ no ponto $P = (2,0)$ ou *inclinação da curva no ponto P*.

$$m = \lim_{h \to 0} \frac{f(2+h) - f(2)}{h} = \lim_{h \to 0}(h + 2) = 2$$

A equação da reta tangente é dada por

$$y = 2(x - 2) + 0 = 2x - 4$$

Exemplo. Seja $f(x) = x^3$ e o ponto $P = (0,0)$. Nesse caso, a reta tangente à curva no ponto P é dada por $y = 0$ (verifique). Observamos que, no exemplo anterior, a reta tangente "corta" a curva (fig. 4.5).

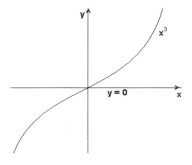

Fig.4.5 - O eixo-x é a reta tangente à curva x^3 no ponto $(0,0)$

5 Derivada

5.2 Teoremas de derivação

Observamos que a notação $f'(x)$ para derivada de uma função $y = f(x)$ foi introduzida por Lagrange.

Leibnitz denotou a mesma derivada com a notação **diferencial:**

$$\frac{df(x)}{dx} \quad \text{ou} \quad \frac{df}{dx} \quad \text{ou} \quad \frac{dy}{dx}$$

Teorema 13. *Sejam f e g duas funções que têm derivadas no ponto x_0 e seja $k(x) = k$ (constante). Então, em x_0, temos:*

1) $k'(x) = \frac{dk}{dx} = 0$ *para todo* $x \in \mathbb{R}$;

2) $(kf)'(x) = \frac{d(kf)}{dx} = k\frac{df}{dx} = kf'$;

3) $(f + g)'(x) = \frac{d(f+g)}{dx} = \frac{df}{dx} + \frac{dg}{dx} = f'(x) + g'(x)$;

4) $(f - g)'(x) = \frac{d(f-g)}{dx} = \frac{df}{dx} - \frac{dg}{dx} = f'(x) - g'(x)$;

5) $(fg)'(x) = \frac{d(fg)}{dx} = f\frac{dg}{dx} + g\frac{df}{dx} = g(x)f'(x) + f(x)g'(x)$;

6) $\left[\frac{1}{g}\right]'(x) = \frac{d}{dx}\frac{1}{g} = -\frac{1}{g^2}\frac{dg}{dx} = -\frac{1}{g^2}g'(x)$;

7) $\left[\frac{f}{g}\right]'(x) = \frac{d}{dx}\frac{1}{g^2}\left[g\frac{df}{dx} - f\frac{dg}{dx}\right] = \frac{gf'-fg'}{g^2}(x)$

Demonstração: (1) Como $k(x) = k$ (constante), então $k(x_0 + h) = k$ e portanto,

$$\lim_{h\to 0} \frac{k(x_0 + h) - k(x_0)}{h} = \lim_{h\to 0} \frac{k - k}{h} = 0$$

(2) Se $y = kf(x)$ então, $\Delta y = kf(x_0 + h) - kf(x_0) = k[f(x_0 + h) - f(x_0)]$; logo,

$$y' = (kf)'(x_0) = \lim_{h\to 0} \frac{k[f(x_0 + h) - f(x_0)]}{h} = k\lim_{h\to 0} \frac{[f(x_0 + h) - f(x_0)]}{h} = kf'(x_0)$$

(3) Seja $y = (f + g)(x)$, então
$$\Delta y = [f(x_0 + h) + g(x_0 + h)] - [f(x_0) + g(x_0)] = [f(x_0 + h) - f(x_0)] + [g(x_0 + h) - g(x_0)]$$

5 Derivada

Assim,

$$\lim_{h \to 0} \frac{[f(x_0 + h) - f(x_0)] + [g(x_0 + h) - g(x_0)]}{h}$$

$$= \lim_{h \to 0} \frac{[f(x_0 + h) - f(x_0)]}{h} + \lim_{h \to 0} \frac{[g(x_0 + h) - g(x_0)]}{h} = f'(x_0) + g'(x_0)$$

Observamos que este mesmo processo pode ser usado para demonstrar que se

$$y = \sum_{j=1}^{n} f_j(x) \Longrightarrow y' = \sum_{j=1}^{n} f_j'(x)$$

(4) Se $y = (f - g)(x)$, então $y = (f + (-1)g)(x)$ e o resultado segue das regras demonstradas anteriormente;

(5) Seja $y = (fg)(x)$, então

$$\begin{aligned} \Delta y &= [f(x_0 + h)g(x_0 + h)] - [f(x_0)g(x_0)] \\ &= [[f(x_0 + h)g(x_0 + h)] - [f(x_0 + h)g(x_0)] + [f(x_0 + h)g(x_0)] - f(x_0)g(x_0)] \\ &= f(x_0 + h)[g(x_0 + h) - g(x_0)] + g(x_0)[f(x_0 + h) - f(x_0)]. \end{aligned}$$

Assim,

$$y' = \lim_{h \to 0} \frac{\Delta y}{h} = \lim_{h \to 0} f(x_0 + h) \frac{g(x_0 + h) - g(x_0)}{h} + \lim_{h \to 0} g(x_0) \frac{f(x_0 + h) - f(x_0)}{h}$$

$$= f(x_0)g'(x_0) + g(x_0)f'(x_0) = [fg' + gf'](x_0)$$

(6) Seja $y = \frac{1}{g}(x)$ com $g(x_0) \neq 0$. Então,

$$\Delta y = \frac{1}{g(x_0 + h)} - \frac{1}{g(x_0)} = -\frac{g(x_0 + h) - g(x_0)}{g(x_0 + h)g(x_0)}$$

Logo,

$$y' = \lim_{h \to 0} \frac{\Delta y}{h} = \lim_{h \to 0} \left[-\frac{1}{g(x_0 + h)g(x_0)} \right] \lim_{h \to 0} \frac{g(x_0 + h) - g(x_0)}{h} = -\frac{1}{g^2(x_0)} g'(x_0)$$

(7) Use (5) e (6) e demonstre como exercício.

5 Derivada

Teorema 14. *Para todo $n \in \mathbb{N}$, se $f(x) = x^n$ então $f'(x) = nx^{n-1}$*

Demonstração: Seja x_0 um número real, então

$$f'(x_0) = \lim_{h \to 0} \frac{f(x_0+h) - f(x_0)}{h} = \lim_{x \to x_0} \frac{x^n - x_0^n}{x - x_0} =$$
$$= \lim_{x \to x_0} \left[x^{n-1} + x_0 x^{n-2} + x_0^2 x^{n-3} + \dots + + x_0^{n-2} x^{n-(n-1)} + x_0^{n-1} \right] =$$
$$= \lim_{x \to x_0} \sum_{j=0}^{n-1} x_0^j x^{n-1-j} \triangleq \sum_{j=0}^{n-1} x_0^j x_0^{n-1-j} = \sum_{j=0}^{n-1} x_0^{n-1} = nx_0^{n-1}$$

Observamos que $\sum_{j=0}^{n-1} x_0^j x^{n-1-j}$ é um polinômio em x de grau $n-1$, sendo portanto uma função contínua em x_0.

Demonstração: (**Derivada da função polinomial**). Seja $f(x) = \sum_{k=0}^{n} a_k x^{n-k}$ a função polinomial de grau $n > 0$, então sua derivada é o polinômio de grau $(n-1)$ dado por:

$$f'(x) = \sum_{k=0}^{n} (n-k) a_k x^{n-k-1}$$

Demonstração: (Exercício)

Proposição 12. *Se $f(x) = x^n$ então $f'(x) = nx^{n-1}$ para todo n inteiro ($n \in \mathbb{Z}$).*

Demonstração: Se $n > 0$ é o Teorema anterior. Se $n = 0$, então $f(x) = 1$ e, portanto, $f'(x) = 0$. Assim, $f'(x) = nx^{n-1} = 0$ (n=0);
Se $n < 0$, consideramos $m = -n > 0$ e

$$\frac{dx^n}{dx} = \frac{dx^{-m}}{dx} = \frac{d(\frac{1}{x^m})}{dx} = -\frac{1}{x^{2m}} \frac{dx^m}{dx} = -\frac{1}{x^{2m}} mx^{m-1} = -mx^{-m-1} = nx^{n-1}$$

Proposição 13. *Seja $f(x) = \frac{P(x)}{Q(x)}$ uma função racional então $f'(x)$ também é uma função racional.*

Demonstração: Mostre, usando o fato que $f'(x) = \frac{Q(x)P'(x) - P(x)Q'(x)}{Q^2(x)}$

5 Derivada

Exemplo. Seja $f(x) = \frac{x^3 - 2x + 1}{x^7 + 1}$, calcule $f'(1)$.

Temos que

$$f'(x) = \frac{1}{(x^7 + 1)^2}\left[\left(x^7 + 1\right)\left(3x^2 - 2\right) - \left(x^3 - 2x + 1\right)\left(7x^6\right)\right] =$$

$$= \frac{-7x^{18} + 3x^{14} + 12x^7 - 7x^6 + 3x^2 - 2}{(x^7 + 1)^2}$$

Logo, $f'(1) = \frac{-7 + 3 + 12 - 7 + 3 - 2}{4} = \frac{1}{2}$.

5.2.1 Regra da cadeia - aplicações

A regra da cadeia é uma das fórmulas mais importantes e usadas no Cálculo diferencial. Sua demonstração não é simples, mas com alguns exemplos tudo pode ficar mais claro.

Proposição 14. *Seja $y = f(x)$ uma função derivável em x_0, então*

$$\frac{f(x_0 + h) - f(x_0)}{h} = f'(x_0) + \alpha(h)$$

onde, $\alpha(h) \to 0$ quando $h \to 0$.

Demonstração: Da definição de derivada, temos

$$f'(x_0) = \lim_{h \to 0} \frac{f(x_0 + h) - f(x_0)}{h}$$

Se definirmos $\alpha(h) = \begin{cases} \frac{f(x_0 + h) - f(x_0)}{h} - f'(x_0) & \text{para} \quad h \neq 0 \\ 0 & \text{para} \quad h = 0 \end{cases}$, segue-se que

$\lim_{h \to 0} \alpha(h) = 0$ e, ainda, $\alpha(h)$ é contínua para $h = 0$.

Obs.: Se $y = f(x)$ e $\alpha = \alpha(h)$ são definidas como na proposição anterior, então,

$$\Delta f(x_0) = f(x_0 + h) - f(x_0) = h\left[f'(x_0) + \alpha(h)\right]$$

Teorema 15. *(Regra da Cadeia) Sejam as funções $u = f(x)$ derivável no ponto x_0 e $y = g(u)$ derivável em $u_0 = f(x_0)$. Então, a função composta $F = g \circ f$, definida por $F(x) = g(f(x))$ é derivável no ponto x_0 e sua derivada é dada por:*

5 Derivada

$$F'(x_0) = g'[f(x_0)]f'(x_0)\,.$$

Demonstração:
Vamos determinar F' usando a definição de derivada:

$$F(x_0) = g(f(x_0)) = g(u_0)$$
$$F(x_0 + h) = g(f(x_0 + h)) = g(f(x_0) + f(x_0 + h) - f(x_0)) = g(f(x_0) + \Delta f(x_0)) =$$
$$= g(u_0 + \Delta u_0)$$

Logo,

$$\Delta F(x_0) = F(x_0 + h) - F(x_0) = g(u_0 + \Delta u_0) - g(u_0)$$

Da Proposição 4.1 segue que

$$\frac{\Delta F(x_0)}{\Delta u_0} = g'(f(x_0)) + \alpha(\Delta u_0) \Longrightarrow \Delta F(x_0) = [g'(f(x_0)) + \alpha(\Delta u_0)]\Delta u_0$$

Logo,

$$\frac{\Delta F(x_0)}{h} = [g'(f(x_0)) + \alpha(\Delta u_0)]\frac{\Delta u_0}{h}$$

Desde que $\frac{\Delta u_0}{h} \to u'(x_0)$ quando $h \to 0$ e $\alpha(\Delta u_0) \to 0$ quando $\Delta u_0 \to 0$ (e portanto quando $h \to 0$), concluímos que

$$F'(x_0) = \lim_{h\to 0}\frac{\Delta F(x_0)}{h} = \lim_{h\to 0}[g'(f(x_0)) + \alpha(\Delta u_0)]\frac{\Delta u_0}{h} = \lim_{h\to 0}[g'(f(x_0)) + \alpha(\Delta u_0)]\lim_{h\to 0}\frac{\Delta u_0}{h} =$$

$$= g'[f(x_0)]f'(x_0)$$

Usando a notação de Liebnitz, podemos escrever

$$\frac{dy}{dx} = \frac{dy}{du}\frac{du}{dx}$$

Exemplos
1. Seja $F(x) = (x^2 - 3x + 1)^4$, determine a função derivada $F'(x)$.
Solução: Sejam $u = f(x) = x^2 - 3x + 1$ e $y = g(u) = u^4$.
Segue-se que $F = g \circ f$, isto é, $F(x) = g(f(x)) = g(x^2 - 3x + 1) = (x^2 - 3x + 1)^4$.
Portanto,
$$F'(x) = \frac{dg}{du}\frac{du}{dx} = 4u^3[2x - 3] = 4\left[x^2 - 3x + 1\right]^3[2x - 3]$$

5 Derivada

2. Sejam $\begin{cases} y = f(x) = x^4 - 2x + 1 \\ x = g(t) = t^3 - 2t^2 + t \end{cases}$, use a regra de cadeia para determinar $\frac{dy}{dt}$.

Solução: Temos que

$$\frac{dy}{dx} = 4x^3 - 2 \quad e \quad \frac{dx}{dt} = 3t^2 - 4t + 1$$

logo, $\frac{dy}{dt} = \frac{dy}{dx}\frac{dx}{dt} = \left[4x^3 - 2\right]\left[3t^2 - 4t + 1\right] = \left[4\left(t^3 - 2t^2 + t\right)^3 - 2\right]\left[3t^2 - 4t + 1\right]$

Proposição 15. *Se* $F(x) = [f(x)]^n$, $n \in \mathbb{Z}$, *então*

$$F'(x) = n[f(x)]^{n-1} f'(x)$$

Demonstração: Mostre usando a regra da cadeia.

Exemplo. Seja $F(x) = (x^2 - 3x + 1)^4 \Longrightarrow F'(x) = n[f(x)]^{n-1} f'(x) = 4\left[x^2 - 3x + 1\right]^3 [2x - 3]$, de acordo com o exercício 1 anterior.

5.2.2 Derivadas de funções inversas

Dadas duas funções $y = f(x)$ e $x = g(y)$, dizemos que elas são inversas se

$$g(f(x)) = x \quad e \quad f(g(y)) = y.$$

Teorema 16. *Dada a função* $y = f(x)$, *suponhamos que exista sua inversa quando* $x \in (a,b)$. *Seja* $x = g(y) = f^{-1}(y)$ *a inversa de f em* (a,b). *Se* $f'(x_0) \neq 0$ *e* $y_0 = f(x_0)$, *então*

$$g'(y_0) = \frac{1}{f'(x_0)}$$

Demonstração: Seja $F(x) = g(f(x)) = x$. Usando a regra da cadeia, vem

$$F'(x_0) = g'(f(x_0))f(x_0) = 1 \Longrightarrow g'(f(x_0)) = \frac{1}{f'(x_0)}$$

Usando a notação de Liebnitz

$$\frac{dx}{dy} = \frac{1}{\dfrac{dy}{dx}}$$

5 Derivada

Exemplos. 1) Seja $y = f(x)$ uma função monótona decrescente e $x = g(y)$ a sua inversa. Se $f(0) = 3$ e $f'(0) = -\frac{1}{4}$, encontre $g'(3)$.

Solução: Se f e g são funções inversas, temos:

$$F(x) = g(f(x)) = x \Longrightarrow F'(x) = g'(f(x))f'(x) = 1$$

Logo,

$$F'(0) = g'(f(0))f'(0) = 1$$

Então,

$$1 = g'(3)(-\frac{1}{4}) \Longrightarrow g'(3) = -4$$

2.a) A função $f(x) = x^3 - 9x$ é crescente para $x < -\sqrt{3}$. Se g é a função inversa de f neste intervalo, encontre $g'(0)$.

Solução: Temos que a derivada de f é dada por: $f'(x) = 3x^2 - 9$ e, por outro lado, temos:

$$f(0) = 0 \Longleftrightarrow x^3 - 9x = 0 \Longleftrightarrow x(x^2 - 9) = 0 \Longleftrightarrow \begin{cases} x = 0 \\ x = 3 \\ x = -3 \end{cases}$$

Assim, para $x < -\sqrt{3}$, $f(x) = 0$ se $x = -3$. Então, $g'(0) = \frac{1}{f'(-3)} = \frac{1}{3(-3)^2 - 9} = \frac{1}{18}$

2.b) A função $f(x) = x^3 - 9x$ é decrescente para $-\sqrt{3} < x < \sqrt{3}$. Se h é a função inversa de f neste intervalo, encontre $h'(0)$.

Solução: Para $-\sqrt{3} < x < \sqrt{3}$, temos que $f(x) = 0$ se $x = 0$. Assim,

$$h'(0) = \frac{1}{f'(0)} = \frac{1}{-9} = -\frac{1}{9}$$

2.c) A função $f(x) = x^3 - 9x$ é crescente para $x > \sqrt{3}$. Se z é a função inversa de f neste intervalo, encontre $z'(0)$.

Solução:

$$z'(0) = \frac{1}{f'(3)} = \frac{1}{18}$$

Exercício. Faça gráficos da função f(x) anterior e de suas inversas em cada intervalo onde f é monótona.

5 Derivada

Derivada de uma função representada pela fórmula paramétrica

Seja $y = f(x)$ uma função representada pelas equações paramétricas:

$$\begin{cases} x = \varphi(t) \\ y = \psi(t) \end{cases} \quad \text{com } t_1 \leq t \leq t_2$$

Vamos supor que as funções φ e ψ sejam deriváveis e que a função $x = \varphi(t)$ tenha uma inversa $t = \beta(x)$ também derivável. Então, y como função de x pode ser considerada a função composta $y = \psi(\beta(x))$.

Usando a regra da cadeia para derivada de função composta, obtemos:

$$\frac{dy}{dx} = \frac{d\psi}{dt}(\beta(x))\frac{d\beta}{dx} = \psi'(\beta(x))\beta'(x)$$

onde, $\beta'(x) = \frac{1}{\varphi'(t)} = \frac{1}{\frac{dx}{dt}}$.

Assim,

$$\frac{dy}{dx} = \frac{\psi'(t)}{\varphi'(t)} = \frac{\frac{dy}{dt}}{\frac{dx}{dt}}$$

Exemplo. 1) Sejam x e y relacionados pelas equações paramétricas:

$$\begin{cases} x = a\cos t \\ y = a\sin t \end{cases} \quad \text{com } 0 \leq t \leq \pi.$$

Encontrar $\frac{dy}{dx}$: a) para qualquer valor de t no intervalo $[0, \pi]$;   b) para $t = \frac{\pi}{2}$.

Solução: a) $\begin{cases} \frac{dx}{dt} = -a \operatorname{sen} t \\ \frac{dy}{dt} = a\cos t \end{cases} \implies \frac{dy}{dx} = \frac{a\cos t}{-a \operatorname{sen} t} = -\cot g\, t.$

b) $\frac{dy}{dx}\Big|_{t=\frac{\pi}{2}} = -\cot g\, \frac{\pi}{2} = 0.$

2) O astroide é uma curva representada pelas equações paramétricas: $\begin{cases} x = a\cos^3 t \\ y = a\operatorname{sen}^3 t \end{cases}$

com $0 \leq t \leq 2\pi$

Em cada quadrante, essas equações definem y como função de x (verifique). Determinar a equação da reta tangente ao astroide no ponto em que $t = \frac{\pi}{4}$.

5 Derivada

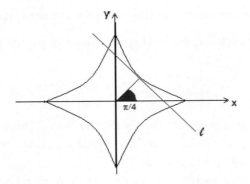

Fig.4.6 - Astroide e a tangente no ponto $\pi/4$

Solução: $\begin{cases} x = a\cos^3 t \\ y = a\sin^3 t \end{cases}$ com $0 \leq t \leq \pi/2$ representa o astroide no primeiro quadrante. Ainda, $y = f(x)$ é derivável em $0 < t < \pi/2$ e $\frac{dy}{dx} = \frac{\frac{dy}{dt}}{\frac{dx}{dt}}$.

Então, $\begin{cases} \frac{dx}{dt} = -3a\cos^2 t \sin t \\ \frac{dy}{dt} = 3a\sin^2 t \cos t \end{cases}$ em $0 < t < \pi/2$.

Logo, $\frac{dy}{dx} = \frac{\frac{dy}{dt}}{\frac{dx}{dt}} = -\frac{\cos t}{\sin t} = -\cot g\, t$.

Assim,

$\left.\frac{dy}{dx}\right|_{t=\frac{\pi}{4}} = -\cot g\, \pi/4 = -1$: coeficiente angular da reta tangente no ponto em que $t = \pi/4$, ou seja, no ponto $P = \left(a\frac{\sqrt{2}}{4}, a\frac{\sqrt{2}}{4}\right)$.

A equação da reta tangente no ponto P será

$$y - a\frac{\sqrt{2}}{4} = -1\left(x - a\frac{\sqrt{2}}{4}\right),$$

ou seja,

$$y = -x + a\frac{\sqrt{2}}{2}$$

Obs.: No ponto $t = \pi/4$, temos que $sen\,\pi/4 = \cos\pi/4$ e como $sen^2\,\pi/4 + \cos^2\pi/4 =$

5 Derivada

$1 \implies 2\cos^2 \pi/4 = 1 \implies \cos \pi/4 = \frac{\sqrt{2}}{2} = sen\ \pi/4$. Logo,

$$\begin{cases} x|_{t=\frac{\pi}{4}} = a\cos^3 \frac{\pi}{4} = a\left(\frac{\sqrt{2}}{2}\right)^3 = a\frac{\sqrt{2}}{4} \\ y|_{t=\frac{\pi}{4}} = a\sin^3 \frac{\pi}{4} = a\left(\frac{\sqrt{2}}{2}\right)^3 = a\frac{\sqrt{2}}{4} \end{cases}$$

Relações implícitas e suas derivadas

Uma curva no plano pode ser dada por uma equação em que não temos y dado explicitamente como função de x. Por exemplo, a circunferência de centro em (x_0, y_0) e raio r é representada pela equação $(x-x_0)^2 + (y-y_0)^2 = r^2$ e, nesse caso, não temos $y = f(x)$, pois para um mesmo valor de x temos 2 valores de y. Entretanto, podemos dividir a circunferência em duas partes de modo que em cada uma delas tem-se y como função de x. De fato,

$$\begin{cases} y = y_0 + \sqrt{r^2 - (x-x_0)^2} \\ y = y_0 - \sqrt{r^2 - (x-x_0)^2} \end{cases}$$

definem as partes superiores e inferiores da circunferência com $x_0 - r < x < x_0 + r$.

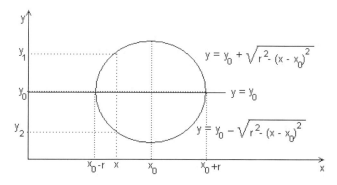

Fig.4.7 - Funções implícitas na equação de uma circunferência

Em certos casos de relações implícitas podemos explicitar y em termos de x, porém isso nem sempre ocorre. Por exemplo, a solução de um sistema presa-predador de Lotka-Volterra é a equação $-\alpha \ln x + \beta x = a \ln y + by + K$, onde não se consegue explicitar $y = f(x)$. De qualquer modo, sempre se pode determinar $\frac{dy}{dx}$ pelo método da *derivação implícita*.

5 Derivada

Consideremos a equação da circunferência $(x - x_0)^2 + (y - y_0)^2 = r^2$ e $P = (x^*, y^*)$ um ponto sobre a curva, com $x_0 - r < x^* < x_0 + r$. Podemos obter o valor de $\frac{dy}{dx}\big|_P$ considerando a derivada de todos os termos da equação, isto é,

$$2(x - x_0)\frac{d(x - x_0)}{dx} + 2(y - y_0)\frac{d(y - x_0)}{dx} = \frac{dr^2}{dx}$$

ou seja,

$$2(x - x_0) + 2(y - y_0)\frac{dy}{dx} = 0 \Longrightarrow \frac{dy}{dx} = -\frac{(x - x_0)}{(y - y_0)}$$

Logo, $\frac{dy}{dx}\big|_P = -\frac{(x^* - x_0)}{(y^* - y_0)}$.

Exemplo. Seja a equação dada por

$$x^2 + xy + y^3 - 2x - x^2 y = 0 \tag{5.2.1}$$

A equação 5.2.1 envolve x e y de modo que não temos explicitamente, nem y como função de x e nem x como função de y. Entretanto esta equação define uma relação entre as variáveis x e y. Podemos dizer então que a equação 5.2.1 determina y como uma ou mais funções *implícitas* de x. Vamos supor que a equação 5.2.1 defina y como função de x em algum intervalo $[a, b]$, isto é, $y = f(x)$ para $x \in [a, b]$.

$$x^2 + xf(x) + f^3(x) - 2x - x^2 f(x) = 0 \tag{5.2.2}$$

Se $f(x)$ é uma função desconhecida porém derivável, podemos calcular $\frac{df}{dx}$, considerando a derivada em x de cada termo da equação 5.2.2:

$$2x + x\frac{df}{dx} + f(x) + 3f^2(x)\frac{df}{dx} - 2 - 2xf(x) - x^2\frac{df}{dx} = 0$$

ou,

$$\frac{df}{dx}(x) = \frac{2 + 2xf(x) - 2x - f(x)}{x + 3f^2(x) - x^2} \tag{5.2.3}$$

A equação 5.2.3 nos dá uma relação entre $x, f(x)$ e $f\prime(x)$ e assim, para cada valor de $x \in [a, b]$, podemos calcular y na equação 5.2.1, obtendo $f(x)$ e, portanto, determinar $f'(x)$.

Por exemplo, se $x = 1$, da equação 5.2.1 vem:

$$1 + y + y^3 - 2 - y = 0 \Longleftrightarrow y^3 = 1 \Longleftrightarrow y = 1$$

5 Derivada

Portanto, $f(1) = 1$ – Substituindo esses valores na equação 5.2.3, obtemos

$$\frac{df}{dx}(1) = \frac{1}{3}$$

Exemplo. Seja a equação

$$x^2y + xy^2 = 6$$

determinar o valor de $\frac{dy}{dx}(1)$.

Solução: Suponhamos que $y = f(x)$ para algum intervalo $[a, b]$

$$x^2 f(x) + x f^2(x) = 6$$

Logo,

$$x^2 \frac{df}{dx} + 2xf(x) + 2xf(x)\frac{df}{dx} + f^2(x) = 0$$

Isolando o termo $\frac{df}{dx}$, obtemos

$$\frac{df}{dx} = \frac{-2xf(x) - f^2(x)}{x^2 + 2xf(x)} = \frac{-2xy - y^2}{x^2 + 2xy} \tag{5.2.4}$$

Observamos que a expressão 5.2.4 que define $\frac{dy}{dx}$, só é válida se $x \neq 0$ e $y \neq -\frac{x}{2}$.

Quando $x = 1$, temos $y + y^2 = 6 \Longrightarrow y = -3$ ou $y = 2$.

Se considerarmos só os valores positivos de y podemos ter $y = f(x)$ e, assim, $f(1) = 2$. Substituindo esses valores na equação 5.2.4, obtemos $\frac{dy}{dx}(1) = -\frac{8}{5}$.

Exercício: Determine o campo de definição da função $y = f(x)$, $y > 0$.

O método da derivação implícita pode ser usado para determinar a derivada de funções irracionais (capítulo 2, 3.3).

Teorema 17. *Se $u = f(x)$ é uma função derivável e se $y = g(u) = u^{\frac{p}{q}}$, com p e q inteiros e $q > 0$, então*

$$\frac{dy}{dx} = \frac{p}{q} u^{(\frac{p}{q}-1)} \frac{du}{dx}$$

desde que $u \neq 0$ se $\frac{p}{q} < 1$.

Demonstração: Seja $y = u^{\frac{p}{q}}$ onde $u = f(x)$ é derivável. Então,

$$y^q = u^p$$

5 Derivada

Derivando implicitamente ambos os membros da equação, obtemos

$$qy^{q-1}\frac{dy}{dx} = pu^{p-1}\frac{du}{dx}$$

Assim, se $y \neq 0$ (o mesmo que $u \neq 0$), temos

$$\frac{dy}{dx} = \frac{pu^{p-1}}{qy^{q-1}}\frac{du}{dx}.$$

Por outro lado, $y^{q-1} = \left[u^{\frac{p}{q}}\right]^{q-1} = u^{p-\frac{p}{q}} \Longrightarrow \frac{u^{p-1}}{y^{q-1}} = u^{p-1-p+\frac{p}{q}} = u^{\frac{p}{q}-1}$. Logo,

$$\frac{dy}{dx} = \frac{p}{q}u^{\frac{p}{q}-1}\frac{du}{dx}$$

Obs.: Se $\frac{p}{q} < 1$ então $\frac{p}{q} - 1 < 0$ e, portanto, $u^{\frac{p}{q}-1}$ não está definida quando $u = 0$.

Exemplos. (1) Seja $f(x) = x^{\frac{3}{2}}$, com $x \geqslant 0$ então, $f'(x) = \frac{3}{2}x^{\frac{1}{2}} = \frac{3\sqrt{x}}{2}$, $x \geqslant 0$.

(2) Se $f(x) = x^{\frac{2}{3}}$, então $f'(x) = \frac{2}{3}x^{\frac{2}{3}-1} = \frac{2}{3\sqrt[3]{x}}$ e $f'(x)$ não é definida para $x = 0$.

(3) Seja

$$f(x) = \sqrt[3]{x^3 + 2x^2 - 1}$$

temos $f(x) = u^{\frac{1}{3}}$ onde $u = x^3 + 2x^2 - 1$ e $\frac{p}{q} = \frac{1}{3} < 1$.

Assim,

$$\frac{df}{dx} = \frac{1}{3}u^{-\frac{2}{3}}\frac{du}{dx} = \frac{1}{3}\frac{1}{\sqrt[3]{(x^3 + 2x^2 - 1)^2}}\left(3x^2 + 4x\right)$$

$\frac{df}{dx}(x)$ não é definida quando $u = 0$, isto é, quando $x^3 + 2x^2 - 1 = 0 \Longleftrightarrow$

$$(x+1)\left(x^2 + x + 1\right) = 0 \Leftrightarrow \begin{cases} x = -1 \\ x = \frac{-1+\sqrt{5}}{2} \\ x = \frac{-1-\sqrt{5}}{2} \end{cases}$$

5 Derivada

5.3 Exercícios de revisão para derivadas

(1) Calcule $\frac{dy}{dx}$ para as funções $y = f(x)$, usando a definição de derivada:

$$f(x) = x^3$$
$$f(x) = x^{\frac{1}{3}}$$
$$f(x) = \frac{x-1}{x+1}$$

(2) Determine a inclinação da curva (coeficiente angular da derivada):

$$y = x^4 - 1 \text{ no ponto } P = (1, 0)$$

(3) A altura atingida após t segundos por uma bola atirada verticalmente para cima é de $s = 3t - \frac{1}{2}g\, t^2$ (g constante). Quando a bola atingirá a altura máxima?

(4) Calcule os valores a, b, c, de modo que as parábolas

$$y = x^2 + ax + b \ \text{ e } \ y = -x^2 + cx$$

sejam tangentes no ponto $(0, 1)$.

(5) Calcule as derivadas das seguintes funções

$$f(x) = \frac{1 - 2x - x^2}{x + x^2}$$
$$f(x) = \left(x^5 + 3x^4 + 2x^3 - x\right)^5$$
$$f(x) = \left[\frac{x-1}{x+1}\right]^3$$

(6) Use a regra da cadeia para calcular a derivada das funções

$$f(x) = \sqrt{1 + \sqrt{1 + x^2}}$$
$$f(x) = \sqrt[3]{\left(1 - \sqrt{x}\right)^2}$$
$$f(x) = \frac{\sqrt[3]{x^2}}{\sqrt{2x + 1}}$$

(7) Seja $f(x) = \left[1 + (1 + x)^{100}\right]^2$, determine os valores de $f'(0)$ e $f'(1)$.

5 Derivada

(8) Mostre que a função

$$y = f(x) = 1 - x^3 - x^5$$

é decrescente para todo $x \in \mathbb{R}$. Se $x = g(y)$ é a sua inversa, calcule $g' \circ f$.

(9) Seja

$$f(x) = \left| x^2 - 1 \right|$$

definida para todo x. Determine $f'(x)$ e seu domínio.

(10) Dada uma função f satisfazendo, para todo x, z

a) $f(x + z) = f(x).f(z)$

b) $f(x) = 1 + xg(x)$, onde $\lim_{x \to 0} g(x) = 0$

Prove que existe $f'(x)$ para todo x e $f'(x) = f(x)$.

(11) A função $f(x) = x^4 - 4x$ é crescente para $x > 1$ (verifique). Se $x = g(y)$ é sua inversa neste intervalo, determine $g'(0)$.

(12) Calcule $\frac{dy}{dx}$ nas curvas paramétricas

$$(a) \begin{cases} x = t - t^3 \\ y = t - t^2 \end{cases} ; \quad (b) \begin{cases} x = \cos\theta \\ y = sen\theta \end{cases} \text{ com } 0 \le \theta \le \frac{\pi}{2};$$

$$(c) \begin{cases} x = \frac{t-1}{t+1} \\ y = \frac{t+1}{t-1} \end{cases} \text{ para } t = 2; \quad (d) \begin{cases} x = a(t - sent) \\ y = a(1 - \cos t) \end{cases} \text{ com } 0 \le t \le 2\pi$$

(13) determine as derivadas $\frac{dy}{dx}$ nas equações:

$$xy^2 - y + x = 0 \quad \text{para } x = \frac{1}{2}$$

$$y^3 + xy^2 + x^2 y + 2x^3 = 0 \quad \text{para } x = 1$$

(14) Sabendo que $\frac{d(\frac{1}{x})}{dx} = -\frac{1}{x^2}$, use a regra da cadeia para mostrar que, se $y = f(x)$, então

$$\frac{d(\frac{1}{f})}{dx} = -\frac{f'}{f^2}$$

5 Derivada

Derivada das funções trigonométricas

Como pré-requisitos ao cálculo das derivadas de funções trigonométricas, devemos examinar alguns limites especiais. Consideremos a função

$$f(x) = \frac{senx}{x} \quad (x \text{ medido em radianos})$$

Temos que $f(x)$ é definida para todo x com $x \neq 0$. Nossa intenção é calcular o limite especial:

$$\lim_{x \to 0} \frac{senx}{x}$$

Consideremos inicialmente $0 < x < \frac{\pi}{2}$,

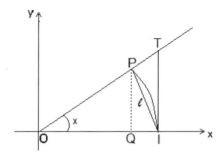

Fig.4.8 - Arco de circunferência

Na figura 4.8, $\widehat{PI}$ é o arco de uma circunferência de raio 1. Os segmentos $\overline{PQ}$ e $\overline{TI}$ são perpendiculares ao eixo horizontal. Temos que:

$$\text{Área } \Delta IOP < \text{Área do setor } IOP < \text{Área } \Delta IOT \tag{5.3.1}$$

Desde que $\overline{OP}$ e $\overline{OI}$ são iguais a 1, temos:

$$\text{Área } \Delta IOP = \frac{1}{2}\overline{PQ}.\overline{OI} = \frac{1}{2}\overline{PQ}$$

$$\text{Área do setor } IOP = \frac{1}{2}xr^2 = \frac{1}{2}x$$

$$\text{Área } \Delta IOT = \frac{1}{2}\overline{TI}.\overline{OI} = \frac{1}{2}\overline{TI}$$

Por outro lado, sabemos que $\overline{PQ} = senx = \frac{\overline{PQ}}{\overline{OP}}$ e $tg\, x = \frac{\overline{TI}}{\overline{OI}} = \overline{TI}$.

5 Derivada

Portanto, a desiguldade das áreas 5.3.1 pode ser escrita como

$$\frac{1}{2}senx < \frac{1}{2}x < \frac{1}{2}tg\,x \qquad (5.3.2)$$

As desigualdades 5.3.2 implicam em

$$1 < \frac{x}{senx} < \frac{1}{\cos x}$$

desde que $0 < x < \frac{\pi}{2}$ (por quê?). Logo,

$$\cos x < \frac{senx}{x} < 1$$

Agora, temos que $\lim_{x\to 0}\cos x = 1$ e, portanto, $\frac{senx}{x}$ está sempre entre 1 e um número que tende a 1, devendo pois se aproximar de 1 quando x tende a zero.

Em nossa demonstração geométrica, consideramos $x > 0$. Entretanto, $\frac{senx}{x}$ é uma função par, ou seja, $\frac{sen(-x)}{-x} = \frac{-senx}{-x} = \frac{senx}{x}$. Portanto, quando $x \longrightarrow 0$, por valores negativos o resultado deve ser o mesmo que para valores positivos.

Conclusão:

$$\lim_{x\to 0}\frac{senx}{x} = 1$$

Consequências 1.

$$\lim_{x\to 0}\frac{1 - \cos x}{x} = 0$$

De fato, $\frac{1-\cos x}{x} = \frac{(1-\cos x)(1+\cos x)}{x(1+\cos x)} = \frac{1-\cos^2 x}{x(1+\cos x)} = \frac{sen^2 x}{x(1+\cos x)} = \frac{senx}{x}\frac{senx}{(1+\cos x)}$;
Logo,

$$\lim_{x\to 0}\frac{1 - \cos x}{x} = \lim_{x\to 0}\frac{senx}{x}\lim_{x\to 0}\frac{senx}{(1 + \cos x)} = 1.0 = 0$$

2. Se x é medido em graus, então,

$$\lim_{x\to 0}\frac{senx}{x} = \frac{\pi}{180}$$

De fato, temos que $senx$ e $sen\frac{\pi}{180}x$ têm o mesmo valor, um medido em graus e o outro em radianos (verifique!). Assim,

$$\lim_{x\to 0}\frac{senx}{x} = \lim_{x\to 0}\frac{sen\frac{\pi}{180}x}{x} = \lim_{x\to 0}\frac{\pi}{180}\frac{sen\frac{\pi}{180}x}{\frac{\pi}{180}x} = \frac{\pi}{180}\lim_{\frac{\pi}{180}x\to 0}\frac{sen\frac{\pi}{180}x}{\frac{\pi}{180}x} = \frac{\pi}{180}$$

5 Derivada

Obs.: Esta é uma das razões por que as medidas em radianos são usadas em Cálculo; sempre que se falar em função trigonométrica, a unidade da variável independente x será considerada em radianos.

Teorema 18. *Se $f(x) = sen\ x$ então, $f'(x) = cos\ x$.*

Demonstração: $f(x) = senx \Longrightarrow f(x+h) = sen(x+h) = senx \cos h + sen\ h\cos x$. Logo,

$$\frac{\bar{f}(x+h) - f(x)}{h} = \frac{senx\cos h + senh\cos x - senx}{h} = \cos x\frac{senh}{h} + senx\frac{\cos h - 1}{h}.$$

Assim, $f'(x) = \lim_{h\to 0}\left[\cos x\frac{senh}{h} + senx\frac{\cos h-1}{h}\right] = \cos x\lim_{h\to 0}\frac{senh}{h} + senx\lim_{h\to 0}\frac{\cos h-1}{h} = \cos x$.

Corolário 1. *Se $f(x) = senu(x)$ então $f'(x) = cos\ u(x).u'(x)$.*

Prova: Basta usar a regra da cadeia (verifique).

Exemplo. Seja $f(x) = sen(3x^2 - \frac{1}{x})$ com $x \neq 0$. Vamos determinar a função $f'(x)$.

Solução: Tomando $u(x) = 3x^2 - \frac{1}{x} \Longrightarrow u'(x) = 6x + \frac{1}{x^2}$.
Logo, $f'(x) = \left[\cos(3x^2 - \frac{1}{x})\right]\left(6x + \frac{1}{x^2}\right)$.

Teorema 19. *Se $f(x) = cos\ x$ então, $f'(x) = -sen\ x$.*

Demonstração: Temos que $\cos x = sen(\frac{\pi}{2} - x) \Longrightarrow$
$\frac{d\cos x}{dx} = \frac{dsen(\frac{\pi}{2}-x)}{dx} = \left[\cos(\frac{\pi}{2}-x)\right]\frac{d(\frac{\pi}{2}-x)}{dx} = \left[\cos(\frac{\pi}{2}-x)\right](-1) = -senx$.

Como consequência dos teoremas anteriores, temos:

1.
$$\frac{d\cos u(x)}{dx} = -sen(u(x)).\frac{du}{dx}$$

2.
$$\frac{d(tg\ x)}{dx} = \sec^2 x$$

3.
$$\frac{d(\cot g\ x)}{dx} = -cossec^2 x$$

4.
$$\frac{d(\sec x)}{dx} = \sec x\ tg\ x$$

5 Derivada

5.
$$\frac{d(cossecx)}{dx} = -cossecx \cot g\, x$$

Exercícios

1. Mostre que são válidas as cinco fórmulas anteriores.

2. Calcule os seguintes limites:

$$a)\lim_{h\to 0}\frac{sen(2h)}{h}; \qquad b)\lim_{x\to 0}\frac{sen\sqrt[3]{x}}{2\sqrt[3]{x}}; \qquad c)\lim_{\theta\to 0}\frac{\theta}{\cos\theta - 1}$$

$$d)\lim_{x\to 0}\frac{tg\, x}{2x}; \qquad e)\lim_{x\to 0}\frac{sen^3 x}{x^3}; \qquad f)\lim_{x\to \frac{\pi}{2}}\frac{sen(x-1)}{x - \frac{\pi}{2}}$$

3. Calcule as derivadas das seguintes funções:

$$f(x) = \sqrt{1 + \cos x}; \qquad f(x) = tg^3 x^2; \qquad f(x) = 2senx\cos x$$

$$f(x) = sennx; \qquad f(x) = sen^n x; \qquad f(x) = sen[\cos 3x)]$$

Derivada de ordem superior

A regra que associa a cada ponto x o coeficiente angular da reta tangente à curva $y = f(x)$, no ponto $(x, f(x))$, é também uma função de x, isto é, $f'(x)$ é uma função de x. Dessa forma, podemos também calcular sua derivada. A derivada da função derivada é denotada por $f''(x)$ e é denominada *derivada segunda* da função $f(x)$. Este procedimento pode ser continuado e obtemos a derivada terceira $f'''(x)$, derivada quarta $f^{(4)}(x)$ etc. A n-ésima derivada de f, ou seja $f^{(n)}(x)$, é denominada *derivada de ordem n*.

Com a notação de Liebnitz, temos

$$f''(x) = \frac{d^2 f}{dx^2};$$
$$f'''(x) = \frac{d^3 f}{dx^3}$$
$$.......$$
$$f^{(n)}(x) = \frac{d^n f}{dx^n}$$

5 Derivada

Uma função é dita *n-diferenciável* em $[a,b]$ se, para todo $x \in [a,b]$, existem as derivadas de ordens inferiores a n. As funções que são deriváveis de qualquer ordem são chamadas *funções analíticas*.

Exercício. A função $y = f(x) = senx$ tem derivada de qualquer ordem. Mostre que

$$f^{(n)}(x) = \begin{cases} \cos x & \text{se } n = 1, 5, ..., 1 + 4k \\ -senx & \text{se } n = 2, 6, ..., 2 + 4k \\ -\cos x & \text{se } n = 3, 7, ..., 3 + 4k \\ senx & \text{se } n = 0, 4, ..., 4k \end{cases} \quad \text{com } k \in \mathbb{N}.$$

Exemplo. Se $f(x) = x^4 - 2x^3 + \frac{1}{3}x$, então

$$f'(x) = 4x^3 - 6x^2 + \frac{1}{3};$$
$$f''(x) = 12x^2 - 12x;$$
$$f'''(x) = 24x - 12;$$
$$f^{(4)}(x) = 24;$$
$$f^{(n)}(x) = 0 \text{ se } n > 4$$

Exemplo. Seja $f(x) = x^{\frac{3}{2}} = x\sqrt{x}$, então

$$f'(x) = \frac{3}{2}x^{\frac{1}{2}};$$
$$f''(x) = \frac{3}{4}x^{-\frac{1}{2}} = \frac{3}{4\sqrt{x}}$$

Observamos que, neste caso, $f(x)$ tem derivada de primeira ordem no ponto $x = 0$ mas não tem derivada de ordem n ($n \geqslant 2$) neste ponto.

Exercício. Encontre $f''(x)$ das seguintes funções

$$(a) \; f(x) = x^{\frac{5}{2}} + x^{\frac{3}{2}} + x;$$
$$(b) \; f(x) = tgx;$$
$$(c) \; f(x) = \cos(\sqrt[3]{x^2}).$$

5 Derivada

Exercício. Verifique a ordem de derivabilidade das funções

$$(a)\ f(x) = (2x+1)^{\frac{7}{3}};$$
$$(b)\ f(x) = \frac{x^3 - 2x}{\sqrt{2x-1}};$$
$$(c)\ f(x) = tg(cosx).$$

Exercício. Mostre que se $f(x)$ e $g(x)$ são duas funções definidas em $[a,b]$ com derivadas até segunda ordem em $[a,b]$, então

$$[fg]''(x) = [fg'' + 2f'g' + f''g](x)$$

Exercício. Seja $h(x) = \frac{1}{x}$ $(x \neq 0)$. Determine $h^{(k)}(x)$ para $k \geqslant 1$ e $x \neq 0$.

Diferencial

Na notação de Liebnitz para derivada de uma função $f'(x) = \frac{dy}{dx}$, os termos dy e dx são usados apenas como símbolos representativos. Vamos agora dar uma definição para esses termos de modo que, quando $dx \neq 0$, a razão $\frac{dy}{dx}$ tenha o mesmo significado que a derivada de $y = f(x)$ em relação à variável x.

Seja $y = f(x)$ uma função derivável em x, então

$$\Delta y = f'(x)\Delta x + \alpha(\Delta x)\Delta x \ \ (\text{conforme capítulo 4, proposição 14})$$

onde, $\alpha(\Delta x) \longrightarrow 0$ quando $\Delta x \to 0$ e $\alpha(0) = 0$.

Assim, o incremento Δy de uma função $y = f(x)$ consiste de duas parcelas:

○ $f'(x)\Delta x$ - que depende de x e de Δx e é linear relativamente a Δx - denominado **diferencial da função** e denotado por dy ou $df(x)$.

$$dy = f'(x)\Delta x \ \text{ ou, na notação de Liebnitz, } dy = f'(x)dx$$

○ $\alpha(\Delta x)\Delta x$ - depende de Δx e é tal que, para Δx suficientemente pequeno, é bem menor que dy.

5 Derivada

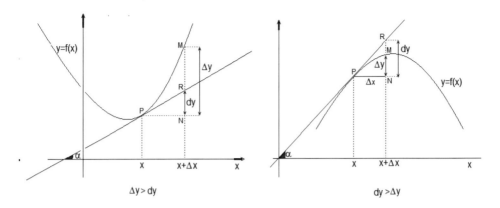

Fig.4.9 - Diferencial de uma função real

Observamos que se $y = f(x) = x$ então $\frac{dy}{dx} = f'(x) = 1$ e portanto, o diferencial dy é dado por $dy = \Delta x$, o que sugere adotar o símbolo $dx = \Delta x$ para o *diferencial de x*. A igualdade $dx = \Delta x$ deve ser encarada como definição do diferencial da variável independente x. E, em qualquer caso, podemos escrever $dy = f'(x)dx$, ou seja,

$$f'(x) = \frac{dy}{dx} = \frac{\text{diferencial de y}}{\text{diferencial de x}}$$

que justifica a notação dada por Liebnitz.

Exemplo. Seja f(x)=x², vamos determinar os valores de dy e Δy quando $x = 10$ e $\Delta x = 0,01$.

Solução:

$$\Delta y = f(x + \Delta x) - f(x) = (x + \Delta x)^2 - x^2 = 2x\Delta x + (\Delta x)^2$$
$$dy = f'(x)\Delta x = 2x\Delta x$$

No ponto $x = 10$ e com $\Delta x = 0,01$, segue

$$\Delta y = 2 \times 10 \times 0,01 + 0,01^2 = 0,2001$$
$$dy = 2 \times 10 \times 0,01 = 0,2$$

Nesse caso, se usarmos dy no lugar de Δy, o erro cometido é de $0,0001$, que poderia, em muitas situações práticas, ser desprezado.

5 Derivada

De uma maneira geral, em cálculos aproximados, podemos tomar $dy \approx \Delta y$, isto é, $f(x + \Delta x) \approx f(x) + f'(x)dx$

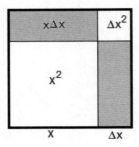

Fig.4.10 - Incremento da área de um quadrado

Exemplo. Seja $f(x) = senx$, vamos mostrar que, para k próximo de zero, temos

$$senk \approx k$$

Solução: Consideremos a aproximação $f(x + \Delta x) \approx f(x) + f'(x)dx$ com $f(x) = senx$.

$$sen(x + \Delta x) \approx senx + (\cos x)\Delta x$$

Então, para $x = 0$ e $\Delta x = k$ vem $senk \approx k$.

Em outras palavras, temos que a função $y = senx$ é aproximada pela reta $y = x$ numa vizinhança da origem $x = 0$.

Exemplo. Determinar o valor aproximado de $sen31^o$.

Solução: Sejam $x = 30^o = \frac{\pi}{6}$ e $\Delta x = 1^o = \frac{\pi}{180}$.

Assim, $sen31^o = sen(30^o + 1^o) = sen(\frac{\pi}{6} + \frac{\pi}{180})$. Agora, usando o conceito de diferencial: $sen(x + \Delta x) \approx senx + (\cos x)\Delta x$, temos

$$sen(\frac{\pi}{6} + \frac{\pi}{180}) \approx sen\frac{\pi}{6} + \left(\cos\frac{\pi}{6}\right)\frac{\pi}{180} = \frac{1}{2} + \frac{\sqrt{3}}{2}\frac{\pi}{180} \approx 0,5146$$

Exemplo. Determinar um valor aproximado de $\sqrt{122}$.

Solução: Consideremos a função $f(x) = \sqrt{x}$ e $f(x + \Delta x) \approx f(x) + f'(x)dx$ para $x = 121$ e $\Delta x = 1$.

5 Derivada

Assim, $\sqrt{122} = \sqrt{x + \Delta x} \approx \sqrt{x} + \frac{1}{2\sqrt{x}}\Delta x = 11 + \frac{1}{22} \simeq 11 + 0,0409 = 11,0409$.

Exemplo. Calcular aproximadamente o valor de $(0,97)^5$.

Solução: Basta tomar a função $y = x^5$ e usar a aproximação diferencial no ponto $x = 1$ com $\Delta x = -0,03$.

$$(x + \Delta x)^5 \approx x^5 + 5x^4\Delta x \iff (0,97)^5 \approx 1 + 5.1^4.(-0,03) = 1 - 0,15 = 0,85$$

Obs.: Quando fazemos a aproximação $\Delta y \approx dy$, estamos tomando valores sobre a reta tangente à curva $y = f(x)$ no ponto x e não sobre a própria curva. Isso significa que estamos aproximando a curva por uma reta (tangente) numa vizinhança do ponto x.

Propriedades do diferencial de uma função real

O problema de encontrar o diferencial de uma função é equivalente ao de determinar a sua derivada uma vez que

$$dy = f'(x)dx$$

Deste modo, muitos resultados para derivadas também são válidos para o diferencial, senão vejamos:

Sejam u e v duas funções diferenciáveis num intervalo $[a,b]$, então:

1.
$$d(u \pm v) = du \pm dv \quad \text{(mostre!)};$$

2.
$$d(u.v) = udv + vdu$$

De fato, seja $y = u.v$, então $dy = y'dx = (uv' + vu')dx = uv'dx + vu'dx = udv + vdu$

3.
$$d\left(\frac{u}{v}\right) = \frac{vdu - udv}{v^2}$$

4. Seja $y = f(u)$ e $u = g(x)$, ou $y = f(g(x))$, então

$$\frac{dy}{dx} = f'(u)g'(x) \Rightarrow dy = f'(u)g'(x)dx$$

5 Derivada

Exemplo. Seja $y = tg\sqrt{x-1}$, encontrar dy.

Solução: Tomemos $y = tg\ u$ e $u = \sqrt{x-1} \Longrightarrow dy = \sec^2 u\frac{1}{2\sqrt{x-1}}dx$.

Por outro lado, $\frac{1}{2\sqrt{x-1}}dx = du$, logo

$$dy = \sec^2 u\ du = \left[\sec^2\left(\sqrt{x-1}\right)\right]\frac{1}{2\sqrt{x-1}}dx$$

6 Aplicações da Derivada

Cogumelos (foto do autor)

"Um matemático puro é pago para descobrir novos fatos matemáticos. Um matemático aplicado é pago para obter a solução de um problema específico."

V. I. Arnold

6 Aplicações da Derivada

Vamos estudar neste capítulo algumas aplicações do cálculo da derivada de uma função. Embora dando um caráter estritamente matemático a essas aplicações, salientamos que as mesmas têm importância fundamental em muitos problemas práticos.

6.1 Tangentes e normais

A equação da reta que passa pelo ponto $P = (a, b)$ e tem coeficiente angular m é dada por

$$y - b = m(x - a).$$

Para se determinar a equação da reta tangente a uma curva no ponto P basta considerar seu coeficiente angular igual à inclinação da curva nesse ponto, isto é, $m = f'(a)$. Assim, a equação da reta tangente é:

$$y - b = f'(a)(x - a)$$

A reta que passa pelo ponto P, perpendicular à reta tangente, é denominada *reta normal à curva em P*. Seu coeficiente angular é dado por $m = -\frac{1}{f'(a)}$ se $f'(a) \neq 0$. Assim, a equação da reta normal é

$$y - b = -\frac{1}{f'(a)}(x - a)$$

Exemplo. Determinar as equações das retas tangente e normal à curva $y = f(x) = x^3 - 4x$ nos pontos $P_1 = (2, 0)$ e $P_2 = \left(-\frac{2\sqrt{3}}{3}, \frac{16\sqrt{3}}{9}\right)$.

Solução: Primeiramente devemos verificar se os pontos pertencem à curva.

Se $a = 2$, temos $y = 2^3 - 4.2 = 0 \Longrightarrow P_1 = (2, 0)$ satisfaz a equação da curva;

Se $a = -\frac{2\sqrt{3}}{3} \Longrightarrow y = \frac{16\sqrt{3}}{9}$ (verifique!).

A inclinação da curva no ponto P_1 é dada por

$$f'(2) = \left.\frac{dy}{dx}\right|_{x=2} = 3x^2 - 4\Big|_{x=2} = 8$$

Logo, a equação da reta tangente é

$$y - 0 = 8(x - 2) \quad \text{isto é, } y = 8x - 16$$

A equação da normal é

$$y = -\frac{1}{8}(x-2) = -\frac{x}{8} + \frac{1}{4}$$

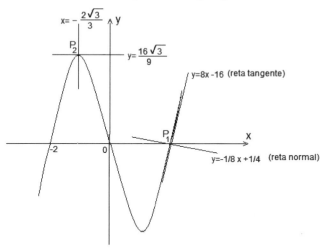

Fig.5.1 - Equações de retas tangentes e normais

Para o ponto P_2, temos inicialmente que

$$f'(-\frac{2\sqrt{3}}{3}) = 3x^2 - 4\Big|_{x=-\frac{2\sqrt{3}}{3}} = 0$$

Logo, a reta

$$y = \frac{16\sqrt{3}}{9}$$

é tangente à curva no ponto P_2.

Nesse caso, não tem sentido calcular o coeficiente angular da reta normal à curva no ponto P_2 uma vez que $\left(-\frac{1}{f'(-\frac{2\sqrt{3}}{3})}\right)$ é indeterminado. Entretanto, como a reta normal é perpendicular à reta tangente $y = \frac{16\sqrt{3}}{9}$, deve ser também perpendicular ao eixo-x e passar pelo ponto P_2 – portanto, sua equação será:

$$x = -\frac{2\sqrt{3}}{3}$$

Exemplo. Determinar a equação da família de circunferências que se tangenciam no ponto $P = (1,1)$ e que têm a reta $y = x$ como tangente comum.

6 Aplicações da Derivada

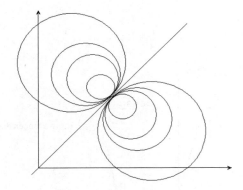

Fig.5.2 - Família de circunferências com ponto de tangência comum.

Solução: A equação geral de uma circunferência de raio r e centro no ponto (α, β) é o lugar geométrico dos pontos do plano que distam de r do ponto fixo (α, β), isto é,

$$(x - \alpha)^2 + (y - \beta)^2 = r^2 \qquad (6.1.1)$$

Sua inclinação num ponto genérico $P = (x, y)$ é dada por (usando derivada implícita):

$$2(x - \alpha) + 2(y - \beta)\frac{dy}{dx} = 0 \Longrightarrow \frac{dy}{dx} = \frac{\alpha - x}{y - \beta}$$

No ponto $(1, 1)$, temos

$$\frac{dy}{dx} = \frac{\alpha - 1}{1 - \beta} \quad \text{com } \beta \neq 1$$

Sabemos também que a inclinação da curva é igual ao coeficiente angular da reta tangente no ponto considerado; logo

$$\frac{dy}{dx} = \frac{\alpha - 1}{1 - \beta} = 1 \Longrightarrow \beta = 2 - \alpha \qquad (6.1.2)$$

Substituindo o valor de β em 6.1.2 e o ponto $(1, 1)$ na equação geral 6.1.1, obtemos

$$(1 - \alpha)^2 + (1 - 2 + \alpha)^2 = r^2 \Longleftrightarrow r^2 = 2(\alpha - 1)^2$$

Portanto, a equação da família de curvas pedida será:

$$(x - \alpha)^2 + (y - 2 + \alpha)^2 = 2(\alpha - 1)^2 \quad \text{para } \alpha \neq 1 \text{ (por quê?)}$$

6 Aplicações da Derivada

Obs.: Os centros das circunferências 6.1.2 são os pontos $(\alpha, 2 - \alpha)$. Mostre que estes pontos estão sobre a reta normal à reta tangente $y = x$, no ponto $(1, 1)$.

Exercícios:

1) Determine as equações das retas tangentes à curva $y = x^3 - 2x^2$, paralelas ao eixo-x.

2) Dada a equação da circunferência

$$x^2 + y^2 = r^2$$

mostre que a reta tangente à circunferência em qualquer ponto P é perpendicular ao diâmetro que tem P por extremidade.

3) Mostre que as duas curvas

$$xy = 1 \quad \text{e} \quad y^2 = x^2 - 1$$

se cortam ortogonalmente.

4) Determine k de modo que a reta $y = 12x + k$ seja tangente à curva $y = x^3$.

5) Sejam C_1 e C_2 duas curvas que se cortam em um ponto P. O ângulo θ entre as curvas é o ângulo formado por suas tangentes em P. Sejam

$$y_1 = m_1 x + b \quad \text{a tangente à } C_1 \text{ em P}$$
$$y_2 = m_2 x + b \quad \text{a tangente à } C_2 \text{ em P}$$

mostre que

$$tg\ \beta = \frac{m_2 - m_1}{1 + m_2 m_1}. \tag{6.1.3}$$

6) Com base na fómula 6.1.3, determine o ângulo entre as curvas

$$x^2 + y^2 = 1 \quad \text{e} \quad y^2 = x$$

7) Dado um espelho parabólico (obtido pela rotação de uma parábola em torno de seu eixo de simetria), mostre que um raio luminoso, emanando do foco da parábola, se reflete paralelamente ao eixo.

Sugestões: (1) Lembrar que o ângulo de incidência é igual ao de reflexão.

6 Aplicações da Derivada

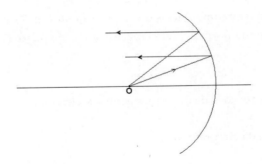

Fig.5.3 - Raios paralelos que emanam do foco de uma parábola

(2) Considere a parábola $y^2 = 4px$, cujo foco é o ponto $(p, 0) - (Mostre!)$
(3) Use a fórmula 6.1.3 do exercício anterior.

6.2 Taxas relacionadas

Os problemas de **taxas relacionadas** são aqueles que envolvem diversas variáveis relacionadas por meio de algum *parâmetro* como o tempo t, por exemplo, onde se dá, para alguma condição inicial t_0, valores destas variáveis, bem como *taxas de variações* de algumas delas, e pede-se para determinar outras taxas de variações quando $t = t_0$. A melhor explicação para esse tipo de problema pode ser o próprio problema.

Exemplo. Seja A a área de um quadrado de lado a. Qual a relação entre as variações dos lados $\frac{da}{dt}$ com a variação da área $\frac{dA}{dt}$?

Solução: Devemos considerar um quadrado de lado a que varia com o tempo $a = a(t)$ e, portanto, $A = A(t)$. Agora, como $A = a^2$, segue-se que

$$\frac{dA}{dt} = 2a\frac{da}{dt} \qquad (6.2.1)$$

e, dessa forma, obtivemos uma relação entre os crescimentos (ou decrescimentos) da área com as variações dos lados.

Exemplo. Um balão esférico está enchendo à razão de $2m^3/min$. Determine a velocidade com que cresce o raio do balão no instante em que tal raio mede 3m. Considere, por simplicidade, que a pressão do gás seja constante em cada instante.

6 Aplicações da Derivada

Solução: A relação entre o volume do balão e o seu raio é

$$V = \frac{4}{3}\pi r^3 \qquad (6.2.2)$$

Sabemos que $\frac{dV}{dt} = 2\ m^3/\min$ e queremos calcular $\frac{dr}{dt}$ quando $r = 3m$. Derivando 6.2.2 em relação a t, obtemos:

$$\frac{dV}{dt} = 4\pi r^2 \frac{dr}{dt} \qquad (6.2.3)$$

Logo, usando os dados do problema em 6.2.3, vem

$$2 = 4\pi(3)^2 \frac{dr}{dt} \implies \frac{dr}{dt} = \frac{1}{36\pi} \simeq 0,00884\ m/\min$$

ou seja, o raio do balão cresce $0,00884\ m/\min$ quando $r = 3m$.

Exemplo. Um reservatório cônico (vértice para baixo, conforme figura 5.4) de a metros de diâmetro e b metros de altura, escoa água à razão constante de $\frac{a}{10} m^3/\min$. Com que velocidade baixa o nível da água no reservatório no instante em que a altura vale $\frac{1}{5}b$?

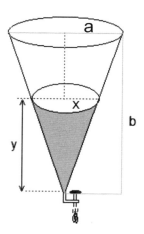

Fig.5.4 - Reservatório cônico

Solução: Seja $V = V(t)$ o volume (em m^3) da água no reservatório no instante t; $x = x(t)$ o raio da seção do cone ao nível da água (em metros); $y = y(t)$ a altura da água no cone no instante t.

6 Aplicações da Derivada

Dizer que a água escoa à razão de $\frac{a}{10}\,m^3/\min$ é o mesmo que $\frac{dV}{dt} = \frac{a}{10}$ e devemos determinar $\frac{dy}{dt}$ quando $y = \frac{b}{5}$.

Quando a água está à altura y, seu volume no cone é dado por

$$V = \frac{1}{3}\pi x^2 y \tag{6.2.4}$$

A relação 6.2.4 envolve, além da variável independente t, as variáveis x e y. Entretanto, a variável x pode ser eliminada uma vez que temos:

$$\frac{x}{y} = \frac{\frac{a}{2}}{b} = \frac{a}{2b} \Longrightarrow x = \frac{a}{2b}y \tag{6.2.5}$$

Portanto, aplicando 6.2.5 em 6.2.4, vem

$$V = \frac{1}{3}\pi \left(\frac{a}{2b}y\right)^2 y = \frac{\pi a^2}{12b^2}y^3 \tag{6.2.6}$$

Derivando 6.2.6 em relação a t, vem

$$\frac{dV}{dt} = \frac{\pi a^2}{4b^2}y^2\frac{dy}{dt} \Longrightarrow \frac{dy}{dt} = \frac{4b^2\frac{dV}{dt}}{\pi a^2\,y^2}$$

Assim, para $\frac{dV}{dt} = \frac{a}{10}$ e $y = \frac{b}{5}$, obtemos

$$\frac{dy}{dt} = \frac{a}{10}\frac{4b^2}{\pi a^2\,b^2}25 = \frac{10}{\pi a}\ m/min$$

Exercícios:

(1) Dois carros A e B saem de um mesmo local no mesmo instante por estradas perpendiculares. O carro A desenvolve uma velocidade igual à metade da velocidade do carro B. Pergunta-se: com que velocidade varia a distância entre os carros depois de 2 horas de percurso?

(2) Enche-se de água um reservatório cilíndrico de raio $r = 2m$ e altura h=10m, à razão de $4m^3/hora$. Qual a taxa de variação da altura da água no reservatório quando o mesmo está com 1000 litros?

(3) Uma partícula se move ao longo de uma circunferência de raio $r = 1$. A velocidade de sua projeção sobre o diâmetro horizontal é $\frac{dx}{dt} = y$, onde y é a projeção da partícula sobre o diâmetro vertical. Calcule $\frac{dy}{dt}$.

Sugestão: Use a equação da circunferência $x^2 + y^2 = 1$.

6.3 Máximos e mínimos

Seja f uma função definida no intervalo (a,b), dizemos que f tem um **máximo local** em um ponto $x_0 \in (a,b)$, se existir um valor $\delta > 0$ tal que $f(x) \leqslant f(x_0)$ para todo x satisfazendo $x_0 - \delta < x < x_0 + \delta$.

O **mínimo local** é definido analogamente, isto é, $f(x) \geqslant f(x_0)$ para todo x satisfazendo $x_0 - \delta < x < x_0 + \delta$.

Observamos que o intervalo $(x_0 - \delta, x_0 + \delta) \subseteq (a,b)$.

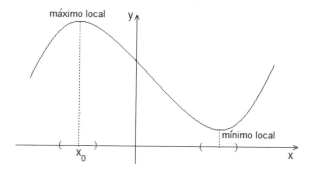

Fig.5.5 - Máximo e mínimo locais

f tem um **máximo absoluto ou global** se para algum $x_0 \in [a,b]$, $f(x) \leqslant f(x_0)$ para todo $x \in [a,b]$, isto é, o valor de $f(x_0)$ é maior ou igual a todos os outros valores de $f(x)$ com x em $[a,b]$. Se f tem máximo absoluto em x_0, então esse ponto também é máximo local, mas a recíproca não é verdadeira.

f tem um **mínimo absoluto ou global** se para algum $x_0 \in [a,b]$, $f(x) \geqslant f(x_0)$ para todo $x \in [a,b]$.

Lembrando o Teorema de Weierstrass do capítulo 2, podemos reescrevê-lo como:

"*Se f é uma função contínua em um intervalo fechado $[a,b]$, então f tem um máximo e um mínimo absolutos em $[a,b]$.*"

Vamos agora apresentar alguns resultados que relacionam pontos de máximo ou mínimo de uma função com sua derivada.

Teorema 20. *Seja $y = f(x)$ definida e diferenciável em um intervalo $a \leqslant x \leqslant b$. Se f tem um máximo local ou um mínimo local em $x_0 \in (a,b)$, então $f'(x_0) = 0$.*

6 Aplicações da Derivada

Demonstração: Vamos fazer a demonstração no caso em que x_0 é ponto de máximo local. A prova para mínimo local é análoga e fica como exercício.

Temos: $a < x_0 < b$ e $f(x) \leqslant f(x_0)$ para todo x satisfazendo $x_0 - \delta < x < x_0 + \delta$, onde δ é um número positivo.

Consideremos agora $0 < h < \delta$, então $f(x_0 + h) \leqslant f(x_0)$ e, portanto,

$$\frac{f(x_0 + h) - f(x_0)}{h} \leqslant 0 \text{ para todo } 0 < h < \delta$$

Logo,

$$\lim_{h \to 0^+} \frac{f(x_0 + h) - f(x_0)}{h} = f'(x_0^+) \leqslant 0$$

Se $h < 0$ e $-h < \delta$, temos ainda $f(x_0 + h) \leqslant f(x_0)$ e, portanto,

$$\frac{f(x_0 + h) - f(x_0)}{h} \geqslant 0 \text{ para todo } 0 < -h < \delta$$

Logo,

$$\lim_{h \to 0^-} \frac{f(x_0 + h) - f(x_0)}{h} = f'(x_0^-) \geqslant 0$$

Assim,

$$f'(x_0^+) \leqslant 0 \leqslant f'(x_0^-)$$

Por outro lado, como a função f é derivável em x_0, temos que $f'(x_0^+) = f'(x_0^-) = f'(x_0) \implies f'(x_0) = 0.cqd.$

A condição de diferenciabilidade de f nos pontos a e b não é necessária, mas é fundamental que seja diferenciável em (a, b). Justifique!

Pergunta: Se o máximo local fosse no ponto $x_0 = a$ ou $x_0 = b$, o que se poderia concluir em relação à $f'(a)$ ou $f'(b)$?

Obs.: A recíproca do teorema não é verdadeira, isto é, se $f'(x_0) = 0$ para algum x_0 em (a, b) o ponto x_0 pode não ser nem de máximo ou de mínimo locais.

Exemplo. $f(x) = (x - 1)^3$ definida para $x \in [0, 2]$ é diferenciável neste intervalo e tal que $f'(1) = 3(x - 1)^2 \big|_{x=1} = 0$, entretanto, $x_0 = 1$ não é ponto nem de máximo e nem de mínimo, pois se $x > 1 \implies f(x) > f(1)$ e se $x < 1 \implies f(x) < f(1)$, ou seja, f é uma função crescente no ponto $x_0 = 1$.

6 Aplicações da Derivada

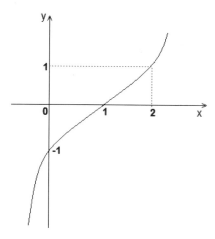

Fig.5.6 - O ponto x_0 é um ponto de inflexão da curva

Obs.: Se uma função $f(x)$, diferenciável em um ponto x_0, é tal que $f'(x_0) = 0$ e x_0 não é ponto de máximo ou de mínimo locais, então dizemos que x_0 é um *ponto de inflexão de f*.

De uma maneira geral, dizemos que x_0 é um *ponto crítico* de f se $f'(x_0) = 0$.

Como consequência do teorema anterior, temos o seguinte resultado:

Corolário 2. *Seja $y = f(x)$ definida e diferenciável em um intervalo $a \leqslant x \leqslant b$. Se $f'(x) \neq 0$ para todo $x \in (a,b)$, então o máximo e o mínimo absolutos de f são os pontos a e b e, somente estes pontos.*

Demonstração: O Teorema de Weierstrass garante a existência de pontos de máximo e mínimo em $[a,b]$. Agora, do fato que $f'(x) \neq 0$ para x em (a,b), então, conforme o teorema anterior, f não tem máximo e nem mínimo em (a,b). Logo, segue-se que esses pontos críticos estão nas extremidades do intervalo.

6 Aplicações da Derivada

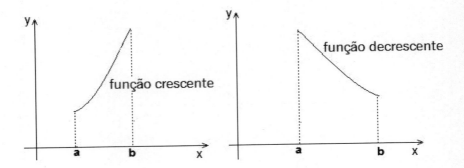

Fig.5.7 - Os pontos de máximo e mínimo estão nas extremidades do intervalo

Obs.: Se uma função $f : [a,b] \to \mathbb{R}$, diferenciável em (a,b) e não tem pontos de máximo ou de mínimo em (a,b), então f é *monótona* em $[a,b]$.

De fato, se f não tem pontos de máximo ou de mínimo em (a,b), então $f'(x) \neq 0$. Suponhamos que $f'(x) > 0$ em (a,b), então

$$\lim_{h \to 0} \frac{f(x+h)-f(x)}{h} > 0 \Leftrightarrow \begin{cases} f(x+h)-f(x) > 0 \text{ se } h > 0 \\ f(x)-f(x+h) > 0 \text{ se } h < 0 \end{cases} \Leftrightarrow \begin{cases} f(x+h) > f(x) \text{ se } h > 0 \\ f(x) > f(x+h) \text{ se } h < 0 \end{cases}$$

Logo, f é crescente em $[a,b]$.

Se $f'(x) < 0$ em (a,b), a demonstração é análoga.

Exemplo. A função $f(x) = x^3 + x$ é crescente em $\mathbb{R}$, pois $f'(x) = 3x^2 + 1 > 0$ para todo $x \in \mathbb{R}$.

Exemplo. A função $f(x) = x^4$ tem derivada $f'(x) = 4x^3$, então f é crescente se $4x^3 > 0 \Leftrightarrow x > 0$ e f é decrescente se $x < 0$. Logo, o ponto $x = 0$ é um ponto de mínimo de f.

Exemplo. Encontrar o máximo e o mínimo absolutos da função

$$f(x) = x^3 + 3x^2 - 9x + 12 \text{ com } 0 \leq x \leq 3.$$

Solução: Desde que f é contínua em $[0,3]$, sabemos que tem um mínimo e um máximo absolutos neste intervalo (Teor. de Weierstrass). Se o mínimo ou máximo ocorrem em $(0,3)$, devemos ter $f'(x) = 0$ em $(0,3)$. Temos:

$$f'(x) = 3x^2 + 6x - 9 = 3(x+3)(x-1)$$

6 Aplicações da Derivada

Logo, $f'(x) = 0 \iff x = -3$ ou $x = 1$. Agora, $x = -3$ não pertence ao intervalo $[0,3]$ e, portanto, somente $x = 1$ pode ser ponto de máximo ou de mínimo local de f no intervalo $(0,3)$.

Por outro lado, temos: $f(1) = 7$; $f(0) = 12$ e $f(3) = 39$. Concluimos então que $x = 1$ é ponto de mínimo absoluto e $x = 3$ é ponto de máximo absoluto de f no intervalo $[0,3]$.

Definição 14. *Seja uma função $f(x)$, diferenciável em um ponto x_0 e tal que $f'(x_0) = 0$. Se x_0 não é um ponto de máximo nem de mínimo locais de f, então dizemos que x_0 é um ponto de inflexão de f.*

De uma maneira geral, dizemos que x_0 é um *ponto crítico de f* se $f'(x_0) = 0$.

Exercício. Com a função do exemplo anterior, achar os pontos de máximo e mínimo absolutos quando $2 \leq x \leq 5$.

Exercício. Dada a função $f(x) = x^4 - 2x^2 - 3$ com $-2 \leq x \leq 2$, encontre e analise seus pontos críticos locais e absolutos.

O resultado que se segue tem muita importância por suas aplicações no Cálculo.

Teorema 21. *(de Rolle) Seja $y = f(x)$ contínua em um intervalo fechado $[a,b]$, diferenciável em (a,b) e satisfazendo $f(a) = f(b)$. Então, existe pelo menos um ponto x_0 em (a,b) tal que $f'(x_0) = 0$.*

Demonstração: Suponhamos que $f'(x) \neq 0$ para todo $x \in (a,b)$; segue-se que f tem um máximo e um mínimo nos extremos a e b do intervalo. Agora, como $f(a) = f(b)$, a única possibilidade é que $f(x)$ seja constante em $[a,b] \Rightarrow f'(x) = 0$ para todo x (absurdo, pois supomos que $f'(x) \neq 0$ para todo $x \in (a,b)$). Assim, f' deve se anular para algum ponto x_0 em (a,b).

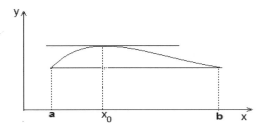

Fig.5.8 - Esquema gráfico do Teorema de Rolle

6 Aplicações da Derivada

O Teorema de Rolle pode não valer se qualquer das hipóteses não for satisfeita:
1. Se $f(a) \neq f(b)$

Exemplo. $f(x) = x^2$ para $0 \leqq x \leqq 2$;

2. Se $f(x)$ é não diferenciável em (a, b).

Exemplo. $f(x) = |x|$ para $-2 \leqq x \leqq 2$ (verifique);

3. Se $f(x)$ não é contínua em $[a, b]$

$$Exemplo: f(x) = \begin{cases} x^2 \ \text{para} \ -2 \leqq x < 0 \ \text{ou} \ 0 < x < 2 \\ 0 \ \text{para} \ x = 2 \end{cases}$$

Teorema 22. *(da Média ou de Lagrange) Seja $y = f(x)$ contínua em um intervalo fechado $[a, b]$ e diferenciável em (a, b). Então, existe ao menos um ponto x_0 em (a, b), tal que*

$$f'(x_0) = \frac{f(b) - f(a)}{b - a}$$

Obs.: O resultado é equivalente a dizer que existe um ponto x_0 em (a, b), tal que a reta tangente à curva no ponto $(x_0, f(x_0))$ é paralela à reta que passa pelos pontos $(a, f(a))$ e $(b, f(b))$ e, nesse sentido, esse teorema pode ser considerado uma generalização do Teorema de Rolle.

Demonstração: Seja

$$g(x) = f(x) - \left[\frac{f(b) - f(a)}{b - a} (x - a) + f(a) \right]$$

A função $g(x)$ assim definida é contínua em $[a, b]$ e diferenciável em (a, b) e satisfaz o Teorema de Rolle, ou seja,

$$g(a) = f(a) - f(a) = 0$$
$$g(b) = f(b) - f(b) = 0$$

Portanto, existe ao menos um ponto x_0 em (a, b), tal que $g'(x_0) = 0$.
Como

$$g'(x) = f'(x) - \frac{f(b) - f(a)}{b - a}$$

6 Aplicações da Derivada

Segue-se que $g'(x_0) = 0 = f'(x_0) - \frac{f(b)-f(a)}{b-a} \implies$

$$f'(x_0) = \frac{f(b)-f(a)}{b-a}$$

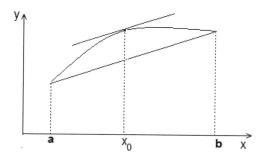

Fig.5.9 - Representação gráfica do Teorema de Lagrange

Exercício.
Seja $f(x) = \frac{x+1}{x+2}$ definida em $1 \leq x \leq 2$. Encontre o valor de x_0, tal que $x_0 \in (1,2)$ e $f'(x_0) = \frac{f(2)-f(1)}{2-1} = \frac{3}{4} - \frac{2}{3} = \frac{1}{12}$.

Solução: Temos que

$$f'(x) = \frac{(x+2)-(x+1)}{(x+2)^2} = \frac{1}{(x+2)^2}.$$

Devemos, pois, resolver a equação $f'(x_0) = \frac{1}{12} \implies$

$$\frac{1}{(x_0+2)^2} = \frac{1}{12} \iff x_0^2 + 4x_0 - 8 = 0 \implies x_0 = 2(-1 \pm \sqrt{3}).$$

Logo, a resposta do problema é $x_0 = 2(-1+\sqrt{3}) \in (1,2)$ e $x_0 = 2(-1-\sqrt{3})$ deve ser desprezado, pois não pertence ao intervalo $(1,2)$.

Proposição 16. *Seja $y = f(x)$ contínua em $[a,b]$ e diferenciável em (a,b). Se $f'(x) \equiv 0$ em (a,b), então $f(x)$ é constante em $[a,b]$.*

Demonstração: Sejam x_1 e x_2 com $x_1 < x_2$ dois pontos de $[a,b]$. Vamos aplicar o

6 Aplicações da Derivada

Teorema da Média no intervalo $[x_1, x_2]$:

$$f(x_2) - f(x_1) = f'(x_0)(x_2 - x_1) \quad \text{com} \quad x_1 < x_0 < x_2;$$

Como $f'(x_0) = 0$ por hipótese e, $x_1 \neq x_2$, segue-se que $f(x_2) = f(x_1) = k$ para todo par x_1, x_2 de $[a,b]$.

Proposição 17. *Se f e g são definidas e diferenciáveis em $[a,b]$ e $f'(x) = g'(x)$ para todo $x \in [a,b]$, então $f(x) = g(x) + k$ em $[a,b]$.*

Demonstração: Faça como exercício.

Sugestão: Considere a função $h(x) = f(x) - g(x)$ e use a proposição anterior.

Exercícios. 1. Dada a função

$$f(x) = \frac{x^2 - 4}{2x} \text{ definida para } x \in [1,2],$$

encontre $x_0 \in (1,2)$ tal que

$$f'(x_0) = \frac{f(2) - f(1)}{2 - 1} = \frac{3}{2}$$

2. Se $f(x) = \frac{x^2 - 2x + 1}{x - 1}$, discuta a validade do Teorema da Média no intervalo $[0,2]$.

3. Mostre que se f e g são definidas e diferenciáveis em $[a,b]$, com $f(a) = g(a)$ e $f(b) = g(b)$ então $f'(x_0) = g'(x_0)$ para algum $x_0 \in (a,b)$.

Sugestão: Use o Teorema de Rolle.

4. Determine os intervalos de crescimento (ou decrescimento) das funções definidas em $\mathbb{R}$:

(a) $f(x) = x^2 - 2x + 1$;

(b) $f(x) = x^3 - 1$;

(c) $f(x) = \cos^2 x - 2\,sen\,x$

5. Dadas as seguintes funções, determine se têm pontos críticos nos respectivos intervalos onde estão definidas:

(a) $f(x) = sen\,x + \cos x$ para $x \in [0, \pi]$;

(b) $f(x) = x^4 - 1$ para $x \in [-2, 2]$;

(c) $f(x) = \frac{3x - 2}{2x + 3}$ para $x \in \mathbb{R}$.

6 Aplicações da Derivada

6. Dada a função $f(x) = x^{\frac{5}{3}} + 5x^{\frac{2}{3}}$, mostre que o ponto $x = -2$ é de máximo para f.

Aplicações usando a derivada segunda

É evidente que quanto mais informação tivermos a respeito de uma função, tanto mais fácil será desenhar seu gráfico. A derivada segunda de uma função nos dá um critério para decidir se um ponto crítico é de máximo, mínimo ou inflexão.

Definição 15. *Dizemos que uma curva é côncava para cima em um intervalo $[a, b]$ se em cada ponto desse intervalo o gráfico da função está sempre acima da reta tangente à curva nesse ponto. Será côncava para baixo se estiver abaixo da reta tangente em cada ponto.*

De uma maneira mais abrangente, podemos definir a concavidade mesmo de curvas contínuas e não deriváveis em $[a, b]$: *Uma curva é côncava para cima (respectivamente, para baixo) em um intervalo $[a, b]$ se a curva estiver abaixo (respectivamente, acima) da reta que liga os pontos $(a, f(a))$ e $(b, f(b))$.*

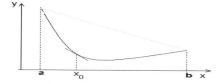
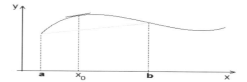

Fig.5.10(a) Côncava para cima   Fig.5.10 (b) Côncava para baixo

Teorema 23. *Seja $y = f(x)$ definida em $[a, b]$ e diferenciável em (a, b) até, pelo menos, segunda ordem.*

(a) Se $f''(x) > 0$ para $a < x < b$, então a curva definida pela f é côncava para cima;

(b) Se $f''(x) < 0$ para $a < x < b$, então a curva definida pela f é côncava para baixo.

Demonstração: Vamos demonstrar o caso (a) uma vez que o outro é análogo.

Devemos mostrar que a curva está sempre acima da reta tangente em qualquer ponto do intervalo (a, b).

Seja x_0 um ponto qualquer de (a, b). A reta tangente em x_0 tem a equação

$$y - f(x_0) = f'(x_0)(x - x_0) \quad \text{ou} \quad y = f(x_0) + f'(x_0)(x - x_0)$$

Devemos mostrar que

$$f(x) \geq f(x_0) + f'(x_0)(x - x_0) \quad \text{para todo } x \in (a, b) \qquad (6.3.1)$$

6 Aplicações da Derivada

Temos 3 alternativas:

1. Se $x = x_0$, então 6.3.1 é satisfeita, pois $f(x_0) \geq f(x_0)$;

2. Se $x > x_0$, existe x_1 com $x_0 < x_1 < x$, tal que vale o Teorema da Média

$$f(x) - f(x_0) = f'(x_1)\ (x - x_0) \tag{6.3.2}$$

Agora, do fato de $f''(x) > 0$ para $a < x < b$ (hipótese), segue-se que f' é crescente em (a,b) e, portanto, $f'(x_1) > f'(x_0) \Longrightarrow$

$$f'(x_1)(x - x_0) > f'(x_0)(x - x_0)\ \text{ pois } (x - x_0) > 0 \tag{6.3.3}$$

Usando a desigualdade 6.3.3 na equação 6.3.2, obtemos

$$f(x) - f(x_0) > f'(x_0)\ (x - x_0) \Longleftrightarrow f(x) \geq f(x_0) + f'(x_0)\ (x - x_0)\ \text{ cqd}$$

3. Para $x < x_0$, usa-se o mesmo raciocínio. Faça como exercício!

Também, a demonstração da parte (b) é equivalente à da parte (a) e constitui um bom exercício para o estudante interessado.

Critério para decisão a respeito da natureza de um ponto crítico

Podemos estabelecer a natureza de um ponto crítico, usando a segunda derivada de uma função:

Teorema 24. *Seja* $y = f(x)$ *definida em* $[a,b]$ *e diferenciável em* (a,b) *até, pelo menos, segunda ordem e com* f'' *contínua em* (a,b). *Seja* $x_0 \in (a,b)$ *um ponto crítico de* f, *isto é,* $f'(x_0) = 0$. *Então,*

(a) Se $f''(x_0) > 0$, *o ponto* x_0 *é de mínimo para f;*

(b) Se $f''(x_0) < 0$, *o ponto* x_0 *é de máximo para f;*

(c) Se $f''(x_0) = 0$, *o ponto* x_0 *pode ser de mínimo se a concavidade de f em* x_0 *for para cima; de máximo, se a concavidade de f em* x_0 *for para baixo; e será de inflexão se mudar de concavidade em* x_0.

Demonstração: (a) Como $f'(x_0) = 0$, então a reta tangente à curva em $(x_0, f(x_0))$ é paralela ao eixo-x. Como $f''(x_0) > 0$, a curva é côncava para cima em uma vizinhança de x_0 pois f'' é contínua em (a,b). Logo, a função f tem um mínimo em x_0.

(b) A prova é análoga à anterior;

(c) Segue do fato que f'' é contínua em (a,b) e, portanto, a concavidade no ponto x_0 implica a mesma concavidade numa vizinhança desse ponto. Por outro lado, se

6 Aplicações da Derivada

o ponto crítico não for de máximo ou de mínimo então será de inflexão (muda de concavidade em x_0).

Obs.: Se $f'(x_0) \neq 0$ e $f''(x_0) = 0$, então, f tem um ponto de inflexão em x_0, desde que $f''(x_0) \neq 0$ numa vizinhança de x_0.

Exemplo. Analise os pontos críticos da função $f(x) = x^3 - 2x^2 + 1$ com x em $\mathbb{R}$.
Solução: Temos que
$$f'(x) = 3x^2 - 4x$$
Os pontos críticos de f são obtidos de $f'(x) = 3x^2 - 4x = 0 \Longrightarrow x = 0$ ou $x = \frac{4}{3}$.
A derivada de segunda ordem de f é dada por
$$f''(x) = 6x - 4$$

Para o ponto $x_0 = 0 \Longrightarrow f''(x_0) = -4 < 0 \Longrightarrow x_0 = 0$ é ponto de máximo local para f.
Para o ponto $x_1 = \frac{4}{3}$, $f''(x_1) = 6\frac{4}{3} - 4 = 4 > 0 \Longrightarrow x_1 = \frac{4}{3}$ é um ponto de mínimo local de f.

Temos ainda que $f''(x) = 6x - 4 = 0 \Longleftrightarrow x = \frac{2}{3}$ e $f'(\frac{2}{3}) = 3\left(\frac{2}{3}\right)^2 - 4\frac{2}{3} = -\frac{4}{3} \neq 0 \Longrightarrow x = \frac{2}{3}$ é um ponto de inflexão da curva definida por f.

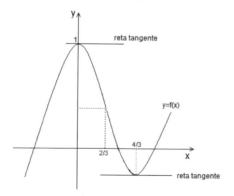

Fig.5.11 - Gráfico da função f num intervalo que contém seus pontos críticos

Exemplo. Seja a função $f(x) = (x-1)^3 + 1$. Analise seus pontos críticos.
Solução: Temos $f'(x) = 3(x-1)^2$; logo, $f'(x) = 0 \Longleftrightarrow x = 1$.
Ainda, $f''(x) = 6(x-1) = 0 \Longleftrightarrow x = 1$. Assim, $f'(1) = f''(1) = 0$ e, neste caso, o critério falha.

Devemos então analisar a concavidade de f numa vizinhança do ponto $x = 1$:

6 Aplicações da Derivada

$f''(x) = 6(x-1) > 0 \iff x > 1$ e $f''(x) = 6(x-1) < 0 \iff x < 1$, portanto, a curva muda de concavidade no ponto $\implies x = 1$ é um ponto de inflexão.

A função f não tem pontos de máximo ou mínimo locais em $\mathbb{R}$, uma vez que $f'(x) = 3(x-1)^2 > 0$ para $x \neq 1$, o que implica que f é monótona crescente. Se f estivesse definida num intervalo fechado $[a,b]$, então f teria um ponto de mínimo absoluto em $x = a$ e um ponto de máximo absoluto em $x = b$.

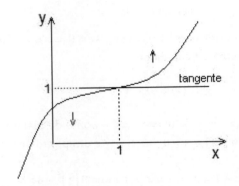

Fig.5.12 - A reta tangente "corta" a curva no ponto de inflexão

Exercício. Analise os pontos críticos das funções:

$$f(x) = \frac{1}{4}x^4 - \frac{3}{2}x^2$$
$$f(x) = x^3 - \frac{1}{4}x^2 + 2x$$
$$f(x) = \sin 2x$$

Aplicações de máximos e mínimos

O estudo dos máximos e mínimos é um instrumento muito importante para resolver problemas de otimização, lembrando que na natureza os fenômenos ocorrem, quase sempre, considerando-se o *máximo rendimento com o mínimo esforço*. Veremos alguns exemplos para que o aluno se familiarize com a técnica das soluções.

Exemplo.
Seja p o perímetro de um retângulo. Determine seus lados de modo que sua área seja a maior possível.

Solução: Sejam a e b os lados de um retângulo genérico, $a, b \geq 0$. Desde que p é seu

6 Aplicações da Derivada

perímetro conhecido, devemos ter $p = 2a + 2b \Longrightarrow a = \frac{p-2b}{2} = \frac{p}{2} - b$.

A área que deve ser máxima depende dos valores dos lados do retângulo, isto é,

$$A = a \times b = \left(\frac{p}{2} - b\right)b \Longrightarrow A(b) = \frac{pb}{2} - b^2$$

Agora, como desejamos que a área seja máxima, devemos procurar um ponto de máximo da função $A = f(b)$, no intervalo $\left[0, \frac{p}{2}\right]$ (são os extremos possíveis para o valor de b).

A função f(b) é diferenciável em $\left(0, \frac{p}{2}\right)$ e $f'(b) = \frac{p}{2} - 2b$. Logo, $f'(b) = 0 \Leftrightarrow b = \frac{p}{4} \Longrightarrow a = \frac{p}{2} - b = \frac{p}{4} = b$.

Por outro lado, $f''(b) = -2 < 0$ para todo $b \in \left(0, \frac{p}{2}\right) \Longrightarrow b = a = \frac{p}{4}$ é ponto de máximo da área, ou seja, o retângulo de área máxima com prímetro p deve ser o quadrado de lado $b = a = \frac{p}{4}$.

Obs.: Se $a = 0$ ($b = \frac{p}{2}$) ou, equivalentemente, $a = \frac{p}{2}$ ($b = 0$) $\Longleftrightarrow A = 0$, o que dá o retângulo de área mínima.

Exemplo. Um arame de comprimento L é cortado em duas partes. Com uma faz-se um quadrado e com a outra um retângulo equilátero. Em que ponto deve-se cortar o arame para que a soma das áreas das figuras seja máxima?

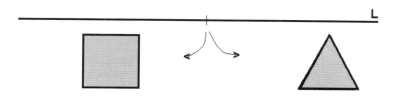

Fig.5.13 - Esquema das figuras construídas com o arame cortado

Solução: A soma das áreas é

$$A = a^2 + \frac{\sqrt{3}}{4}b^2 \qquad (6.3.4)$$

onde, a^2 é a área do quadrado de lado a e $\frac{\sqrt{3}}{4}b^2$ é a área do triângulo equilátero de lado b.

Como o arame tem comprimento L, então $L = 4a + 3b \Longrightarrow a = \frac{L-3b}{4}$. Substituindo o

6 Aplicações da Derivada

valor de a na equação 6.3.4, obtemos A como função de apenas uma variável:

$$A(b) = \left[\frac{L-3b}{4}\right]^2 + \frac{\sqrt{3}}{4}b^2 = \frac{L^2 - 6Lb + 9b^2 + 4\sqrt{3}b^2}{16}$$

$$= \frac{1}{16}\left[\left(9 + 4\sqrt{3}\right)b^2 - 6Lb + L^2\right]$$

Devemos determinar um valor para b de modo que A seja máxima para este valor:

$$A'(b) = -\frac{3}{2}(L - 3b) + \frac{b\sqrt{3}}{2} = -\frac{3}{2}L + \frac{9+\sqrt{3}}{2}b$$

Então,

$$A'(b) = 0 \Longleftrightarrow b = \frac{3L}{9 + \sqrt{3}}$$

Por outro lado, $A''(\frac{3L}{9+\sqrt{3}}) = \frac{9+\sqrt{3}}{2} > 0 \Longrightarrow$ a soma das áreas será mínima (critério da segunda derivada) quando $b = \frac{3L}{9+\sqrt{3}} \Longleftrightarrow a = \frac{1}{4}\left(L - \frac{9L}{9+\sqrt{3}}\right)$.

O fato da função $A(b)$ ser contínua no intervalo $\left[0, \frac{L}{3}\right]$ então deverá assumir um máximo e um mínimo absolutos em $\left[0, \frac{L}{3}\right]$ (conforme Teorema de Weierstrass). Como somente assume um mínimo no interior desse intervalo, então o máximo deve ser assumido em um dos extremos desse intervalo:

Se $b = 0$ e, portanto, $a = \frac{L}{4}$, temos $A(0) = \left(\frac{L}{4}\right)^2 = \frac{1}{16}L^2$;

Se $b = \frac{L}{3}$ e, portanto, $a = 0$, temos $A(\frac{L}{3}) = \frac{\sqrt{3}}{4}\left(\frac{L}{3}\right)^2 = \frac{\sqrt{3}}{36}L^2$

Como $\frac{\sqrt{3}}{36}L^2 < \frac{1}{16}L^2$ (porque $\frac{4}{9}\sqrt{3} < 1$ e $\sqrt{3} < 2$), segue-se que A é máxima quando não se corta o arame, formando somente um quadrado de lado $a = \frac{L}{4}$.

Exemplo. A soma de um número e o dobro de outro é 30. Encontrar esses números de modo que seu produto seja o maior possível.

Solução: Sejam x e y esses números. Seu produto p será uma função dos dois valores, isto é,

$$p = x.y$$

Agora, como $x + 2y = 30$, então $y = \frac{30-x}{2}$. O produto em função de apenas uma variável é dado por:

$$p(x) = x\frac{30-x}{2} = \frac{30x - x^2}{2} \quad \text{com } x \in [0, 30].$$

130

6 Aplicações da Derivada

$p(x)$ é uma função diferenciável em $(0,30)$ e

$$p'(x) = 15 - x$$

Logo,

$$p'(x) = 0 \Longleftrightarrow x = 15$$

Temos também

$$p''(x) = -1 < 0 \ \text{ para todo } x \in [0,30]$$

Logo, o número $x = 15$ e, consequentemente, $y = 7,5$ fornecem o maior valor do produto p.

Como vimos nos exemplos anteriores, cada solução segue uma linha particular de operações, entretanto vamos colocar alguns passos comuns que podem ser seguidos nos diversos problemas de soluções extremadas:

$\cdot P_1$ – Desenhar uma figura quando for apropriado;

$\cdot P_2$ – Denotar por uma letra cada quantidade relacionada no problema, fazendo distinção entre constantes e variáveis;

$\cdot P_3$ – Selecionar a variável que deve ser extremada (máximo ou mínimo) e expressá-la em termos das outras variáveis por meio de uma equação - o modelo;

$\cdot P_4$ – Usar as informações adicionais para simplificar o modelo, deixando somente uma variável independente na equação;

$\cdot P_5$ – Usar os métodos para obtenção de máximos e mínimos de funções.

Exercícios.

1) Encontrar as dimensões de um retângulo de área máxima que pode ser inscrito num círculo de raio R.

2) A diferença entre um número e o quadrado de outro é 16. Determine esses números de modo que o quociente entre o primeiro número e o segundo seja o maior possível.

3) Encontre as coordenadas dos pontos sobre a curva $y^2 = x + 1$ que estão mais próximos da origem $(0,0)$.

4) Encontre as dimensões de um cilindro regular de volume máximo que pode ser inscrito em uma esfera de raio R.

5) Deve-se construir uma praça com a forma de um retângulo tendo em dois lados opostos regiões semicirculares. Determine as dimensões da praça de modo que a área

6 Aplicações da Derivada

da parte retangular seja máxima. O perímetro da praça é de 1000 metros.

6) O mesmo problema anterior trocando-se retângulo por triângulo equilátero e considerando-se regiões semicirculares nos 3 lados do triângulo.

7) Seja $h(x) = f(x).g(x)$, com f e g diferenciáveis até ordem 2 com derivadas contínuas. Se $f(x) > 0$ e $g(x) > 0$ para todo x, verifique a veracidade das seguintes afirmações:

(a) Se f e g têm ambas máximo local (ou relativo) em x_0, então h também tem máximo local em x_0;

(b) Se f e g têm ambas mínimo local (ou relativo) em x_0, então h também tem mínimo local em x_0;

(c) Se h tem ponto de inflexão em x_0, então f e g têm ponto de inflexão em x_0 (e a recíproca vale?).

8) Analise a mesma questão anterior quando $h(x) = f(x) + g(x)$.

Traçado de curvas

Quando se faz o esboço de uma curva, dada por uma equação $y = f(x)$, preocupando-se com todos seus detalhes, é necessário lançar mão de vários conceitos importantes do Cálculo. Por este motivo é que colocamos o estudo de uma função e o traçado de sua curva no final deste capítulo. Com a resolução de alguns exemplos podemos inferir um roteiro geral para se efetuar este estudo.

Exemplo. 1. Estudo da função e esboço do seu gráfico. Seja $f(x)$ a função dada por:

$$f(x) = x^4 - 5x^2 + 4 \text{ com } x \in [-3,3].$$

O estudo de uma função é composto de algumas etapas:

(a) Características gerais:

f é uma função algébrica polinomial (polinômio do 4° grau), definida no intervalo fechado $[-3,3]$, isto é,

$$Dom(f) = \{x \in \mathbb{R} : -3 \leqslant x \leqslant 3\} = [-3,3].$$

f é contínua e tem derivada contínua, de qualquer ordem, em seu domínio pois é um polinômio.

f é uma função par pois $f(-x) = (-x)^4 - 5(-x)^2 + 4 = f(x)$ e, portanto, f é simétrica em relação ao eixo-y.

6 Aplicações da Derivada

(b) Raízes e sinal de f:

$$f(x) = 0 \Longleftrightarrow x^4 - 5x^2 + 4 = 0$$

Para resolver esta equação biquadrada, fazemos a mudança de variáveis $x^2 = z$ e resolvemos a equação

$$z^2 - 5z + 4 = 0 \Longrightarrow z = \frac{5 \pm \sqrt{25 - 16}}{2} \Longleftrightarrow \begin{cases} z = 4 \\ z = 1 \end{cases}$$

Para $z = 4 \Longrightarrow \begin{cases} x = 2 \\ x = -2 \end{cases}$ e para $z = 1 \Longrightarrow \begin{cases} x = 1 \\ x = -1 \end{cases}$. Assim, $x = 2; -2; 1 \ e -1$ são as raízes da função $f(x)$.

$$f(x) > 0 \ \text{se} \ x < -2 \ \text{ou} \ x > 2 \ \text{ou} \ -1 < x < 1 \ \text{(verifique)}$$
$$f(x) < 0 \ \text{se} \ -2 < x < -1 \ \text{ou} \ 1 < x < 2$$

(c) Derivada primeira: Crescimento e pontos críticos

$$f'(x) = 4x^3 - 10x = x(4x^2 - 10)$$

Os pontos críticos são obtidos considerando $f(x) = 0$:

$$f'(x) = 0 \Longleftrightarrow x(4x^2 - 10) = 0 \Longleftrightarrow \begin{cases} x = 0 \\ x = -\sqrt{\frac{5}{2}} \\ x = \sqrt{\frac{5}{2}} \end{cases}$$

Os sinais da derivada indicam o crescimento (derivada positiva) ou decrescimento (derivada negativa):

$$f'(x) > 0 \Longleftrightarrow \begin{cases} x > 0 \ \text{e} \ (4x^2 - 10) > 0 \Longleftrightarrow x > 0 \ \text{e} \ \left[-\sqrt{\frac{5}{2}} > x \ \text{ou} \ x > \sqrt{\frac{5}{2}} \right] \Longrightarrow x > \sqrt{\frac{5}{2}} \\ \qquad\qquad ou \\ x < 0 \ \text{e} \ (4x^2 - 10) < 0 \Longleftrightarrow x < 0 \ \text{e} \ -\sqrt{\frac{5}{2}} < x < \sqrt{\frac{5}{2}} \Longrightarrow -\sqrt{\frac{5}{2}} < x < 0 \end{cases}$$

6 Aplicações da Derivada

Logo, f é crescente se $-\sqrt{\frac{5}{2}} < x < 0$ ou $\sqrt{\frac{5}{2}} < x \leqslant 3$.

$$f'(x) < 0 \Longleftrightarrow -3 \leqslant x < -\sqrt{\frac{5}{2}} \text{ ou } 0 < x < \sqrt{\frac{5}{2}}$$

isto é, nestes intervalos a função é decrescente.

(d) Derivada segunda - Concavidade, máximo, mínimo e inflexão

$$f''(x) = 12x^2 - 10$$

Consideremos os pontos críticos $x = 0, -\sqrt{\frac{5}{2}}, \sqrt{\frac{5}{2}}$ e vamos usar o critério da derivada segunda para determinação das características de tais pontos.

$f''(0) = -10 < 0 \Longrightarrow f$ tem máximo relativo no ponto x=0;

$f''(-\sqrt{\frac{5}{2}}) = f''(\sqrt{\frac{5}{2}}) = 20 > 0 \Longrightarrow f$ tem mínimo relativo nos pontos $x = -\sqrt{\frac{5}{2}}$ e $x = \sqrt{\frac{5}{2}}$

$$f''(x) = 0 \Longleftrightarrow 12x^2 - 10 = 0 \Longleftrightarrow x^2 = \frac{5}{6} \Longrightarrow \begin{cases} x = \sqrt{\frac{5}{6}} \\ x = -\sqrt{\frac{5}{6}} \end{cases} \in [-3, 3]$$

Temos que $f'(\sqrt{\frac{5}{6}}) \neq 0$ e $f'(-\sqrt{\frac{5}{6}}) \neq 0$ e, portanto, f tem pontos de inflexões em $x = -\sqrt{\frac{5}{6}}$ e $x = \sqrt{\frac{5}{6}}$.

$$f''(x) > 0 \text{ se } -3 \leqq x < -\sqrt{\frac{5}{6}} \text{ ou } \sqrt{\frac{5}{6}} < x \leqslant 3.$$

Portanto, f tem a concavidade voltada para cima nestes intervalos.

$$f''(x) < 0 \text{ se } -\sqrt{\frac{5}{6}} < x < \sqrt{\frac{5}{6}}$$

Neste caso, f tem a concavidade voltada para baixo neste intervalo.

(e) Alguns valores especiais de f:

$f(0) = 4; \quad f(-3) = f(3) = 40$

$f(-\sqrt{\frac{5}{2}}) = f(\sqrt{\frac{5}{2}}) = -\frac{9}{4} = -2,25$ e $f(-\sqrt{\frac{5}{6}}) = f(\sqrt{\frac{5}{6}}) = \frac{1}{2}$

(f) Gráfico de f:

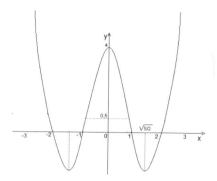

Fig.5.14 - Gráfico da função polinomial de quarto grau

Exemplo. 2. Estudar a função

$$f(x) = \frac{x^2 - 4}{x^2 + 1}$$

(a) Características gerais:

f é uma função algébrica racional e definida para todo $\mathbb{R}$ pois $x^2 + 1 > 0$, ou seja, $Dom(f) = \mathbb{R}$,.

f é contínua com derivada contínua, de qualquer ordem, para todo $x \in \mathbb{R}$.

$$f(-x) = \frac{(-x)^2 - 4}{(-x)^2 + 1} = \frac{x^2 - 4}{x^2 + 1} = f(x) \Longrightarrow f \text{ é par}$$

e, portanto, f é simétrica em relação ao eixo-y.

(b) Raízes e sinal de f:

$$f(x) = 0 \iff \frac{x^2 - 4}{x^2 + 1} \iff x^2 - 4 \Longrightarrow \begin{cases} x = 2 \\ x = -2 \end{cases} \text{ são as raízes de f;}$$

$$f(x) > 0 \iff x^2 - 4 > 0 \iff x < -2 \text{ ou } x > 2.$$
$$f(x) < 0 \iff x^2 - 4 < 0 \iff -2 < x < 2$$

6 Aplicações da Derivada

(c) Derivada primeira:

$$f'(x) = \frac{\left(x^2+1\right)2x - \left(x^2-4\right)2x}{(x^2+1)^2} = \frac{10x}{(x^2+1)^2}$$

x é um ponto crítico de f se $f'(x) = 0$,

$$f'(x) = 0 \Longleftrightarrow \frac{10x}{(x^2+1)^2} = 0 \Longleftrightarrow x = 0$$

f é crescente se $f'(x) > 0 \Longleftrightarrow x > 0$;
f é decrescente se $f'(x) < 0 \Longleftrightarrow x < 0$.

(d) Derivada segunda:

$$f''(x) = \frac{-30x^4 - 20x^2 + 10}{(x^2+1)^4}$$

No ponto crítico $x = 0$, temos $f''(0) = 10 > 0 \Longrightarrow f$ tem um mínimo local em $x = 0$.

$$f''(x) = 0 \Longleftrightarrow -3x^4 - 2x^2 + 1 = 0 \Longleftrightarrow \begin{cases} x = \pm\frac{1}{\sqrt{3}} \Longleftrightarrow \begin{cases} x = \frac{1}{\sqrt{3}} \\ x = -\frac{1}{\sqrt{3}} \end{cases} \\ x = \pm\sqrt{-1} \notin \mathbb{R} \end{cases}$$

Do fato que $f'(\frac{1}{\sqrt{3}}) \neq 0$ e $f'(-\frac{1}{\sqrt{3}}) \neq 0$, segue-se que f tem pontos de inflexão em $x = \pm\frac{1}{\sqrt{3}}$.

$$f''(x) < 0 \Longleftrightarrow -3x^4 - 2x^2 + 1 > 0 \Longrightarrow x < -\frac{1}{\sqrt{3}} \text{ ou } x > \frac{1}{\sqrt{3}} \quad \text{(verifique)}$$

Portanto, f tem concavidade voltada para baixo se $x < -\frac{1}{\sqrt{3}}$ ou $x > \frac{1}{\sqrt{3}}$.
f tem concavidade voltada para cima se $f''(x) > 0$,

$$f''(x) > 0 \Longleftrightarrow -\frac{1}{\sqrt{3}} < x < \frac{1}{\sqrt{3}}.$$

(e) Assíntotas:
Como a função é par devemos ter $\lim\limits_{x\to-\infty} f(x) = \lim\limits_{x\to+\infty} f(x)$ (se existir!)

$$\lim_{x\to+\infty} f(x) = \lim_{x\to+\infty} \frac{x^2-4}{x^2+1} = 1$$

Logo, $y = 1$ é uma assíntota horizontal de f. Ainda, f não tem assíntota vertical e nem inclinadas (por quê?)

(f) Valores especiais de f:

A curva definida por f corta o eixo-y quando $x = 0$, isto é, $f(0) = -4$. Ainda, $P = (0, 4)$ é o ponto onde f assume seu valor mínimo.

$f(-\frac{1}{\sqrt{3}}) = f(\frac{1}{\sqrt{3}}) = \frac{\left(-\frac{1}{\sqrt{3}}\right)^2 - 4}{\left(-\frac{1}{\sqrt{3}}\right)^2 + 1} = -\frac{11}{4} = -2,75;$

$P_1 = (-\frac{1}{\sqrt{3}}, -\frac{11}{4})$ e $P_2 = (\frac{1}{\sqrt{3}}, -\frac{11}{4})$ são os pontos de inflexão de f.

(g) Gráfico da função:

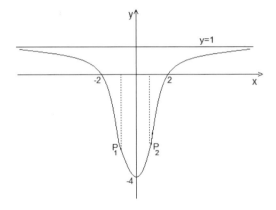

Fig.5.15 - Gráfico da função racional com assíntota horizontal

Exemplo. 3. Estudar a função

$$f(x) = x + 2x^{\frac{2}{3}} = x + 2\sqrt[3]{x^2}$$

(a) Características gerais:

f é uma função algébrica irracional e definida para todo $\mathbb{R}$, ou seja,

$$Dom(f) = \mathbb{R}.$$

f é contínua para todo $x \in \mathbb{R}$. (Verifique a continuidade de f no ponto $x = 0$).

$$f(-x) = -x + 2\sqrt[3]{x^2} \neq x + 2\sqrt[3]{x^2} = f(x)$$
$$-f(x) = -x - 2\sqrt[3]{x^2} \neq -x + 2\sqrt[3]{x^2} = f(-x)$$

6 Aplicações da Derivada

Logo, f não é simétrica em relação ao eixo-x e em relação à origem.

(b) Raízes e sinal de f:

$$f(x) = 0 \Longleftrightarrow \begin{cases} x = 0 \\ x = -8 \end{cases} \text{ são as raízes de f;}$$

$f(x) > 0$ se $-8 < x < 0$ ou $x > 0$;

$f(x) < 0$ se $x < -8$.

(c) Derivada primeira:

$$f'(x) = 1 + 2.\frac{2}{3}x^{-\frac{1}{3}} = 1 + \frac{4}{3\sqrt[3]{x}}$$

$f'(x)$ não é definida para $x = 0$, e portanto, f não é diferenciável no ponto $x = 0$.

$$f'(x) = 0 \Longleftrightarrow 1 + \frac{4}{3\sqrt[3]{x}} = 0 \Longleftrightarrow \sqrt[3]{x} = -\frac{4}{3} \Leftrightarrow x = -\frac{64}{27} \approx -2,37$$

Assim, $x = -\frac{64}{27}$ é um ponto crítico de f.

$$f'(x) > 0 \Longleftrightarrow 1 + \frac{4}{3\sqrt[3]{x}} > 0 \Longleftrightarrow x < -\frac{64}{27}$$

ou seja, f é crescente no intervalo $\left(-\infty, -\frac{64}{27}\right)$.

Do fato de f' não existir no ponto x=0, devemos analisar o sinal de f' numa vizinhança deste ponto;

Para $x > 0$, temos $f'(x) = 1 + \frac{4}{3\sqrt[3]{x}} > 0$, ou seja, f é crescente para $x > 0$;

Para $-\frac{64}{27} < x < 0$, temos que $f'(x) < 0$, ou seja, f é decrescente.

Podemos já concluir que f tem um mínimo local no ponto $x = 0$ (por quê?).

(d) Derivada segunda:

$$f''(x) = -\frac{4}{9}x^{-\frac{4}{3}} = -\frac{4}{9}\frac{1}{\sqrt[3]{x^4}} \quad \text{com } x \neq 0$$

Temos que $f''(x) < 0$ para todo $x \neq 0 \Longrightarrow f''(-\frac{64}{27}) < 0$, portanto, $x = -\frac{64}{27}$ é um ponto de máximo local para f.

Ainda, do fato de $f''(x) < 0$ para todo $x \neq 0$, então $f(x)$ tem a concavidade voltada para baixo para todo x$\neq$ 0.

(e) Assíntotas:

6 Aplicações da Derivada

Temos que

$$\lim_{x \to +\infty} (x + 2\sqrt[3]{x^2}) = +\infty$$

$$\lim_{x \to -\infty} (x + 2\sqrt[3]{x^2}) = \lim_{x \to -\infty} \sqrt[3]{x^2}\left(\frac{x}{x^{\frac{2}{3}}} + 2\right) = \lim_{x \to -\infty} \sqrt[3]{x^2}\left(\sqrt[3]{x} + 2\right) = -\infty$$

Se existir assíntota inclinada, será uma reta $y = ax + b$ onde, a e b são constantes dadas por:

$$a = \lim_{x \to +\infty} \frac{f(x)}{x} = \lim_{x \to +\infty} \left(1 + 2x^{-\frac{1}{3}}\right) = 1 + \lim_{x \to +\infty} \frac{2}{\sqrt[3]{x}} = 1;$$

$$b = \lim_{x \to +\infty} (f(x) - ax) = \lim_{x \to +\infty} 2x^{\frac{2}{3}} = 2 \lim_{x \to +\infty} \sqrt[3]{x^2} = +\infty.$$

O mesmo cálculo, feito para $x \to -\infty$, mostra que não há assíntota inclinada para f.

Obs.: Quando $x \to \infty, f'(x) \to 1$

(f) Valores especiais de f:

$f(0) = 0$ e $y = 0$ se $x + 2\sqrt[3]{x^2} = 0 \Longrightarrow \begin{cases} x = 0 \\ x = -8 \end{cases}$ (raízes de f);

$f(-\frac{64}{27}) = \frac{32}{27} \approx 1,18$; $f(1) = 4$ e $f(8) = 16$.

(g) Gráfico de f:

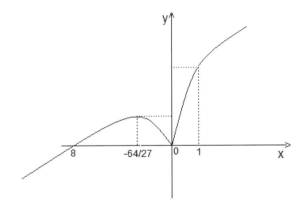

Fig.5.16 - Gráfico da função irracional

Exercícios.

6 Aplicações da Derivada

1) Estude as seguintes funções:
a) $f(x) = \frac{x^2-1}{x}$ ou $f(x) = \frac{|x^2-1|}{x-1}$ (prova UEC, 1971);
b) $f(x) = \operatorname{sen} x - \cos \frac{x}{2}$;
c) $f(x) = \frac{x^3}{\sqrt{1-x^2}}$;
d) $f(x) = \sqrt{\frac{x^2-1}{x+1}}$ (UnB, 1969);
e) $f(x) = \frac{\operatorname{tg} x}{1-\cos x}$;
f) $f(x) = \begin{cases} 2x & \text{se } x < -3 \\ |x| & \text{se } -3 \leqslant x < 0 \\ x^2 & \text{se } 0 \leqslant x < 2 \\ \frac{1}{x} + \frac{7}{2} & \text{se } x \geqslant 2 \end{cases}$

2) Mostre que o gráfico de $f(x) = \frac{x^2+1}{x-2}$ é dado pela fig.5.17

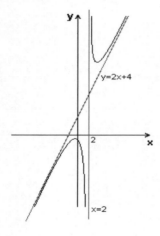

Fig.5.17 - Assíntota inclinada

3) Mostre que a equação $x^5 - 5x + 3 = 0$ tem somente 3 raízes reais.

4) Dados os esboços das funções que seguem, discriminar suas propriedades principais: domínio, imagem, simetria, continuidade, pontos críticos, regiões de cresci-

6 Aplicações da Derivada

mento, assíntotas, periodicidade etc.

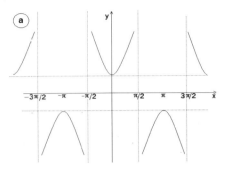

Fig.5.18

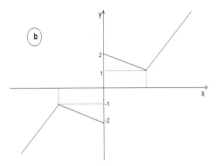

Fig.5.19

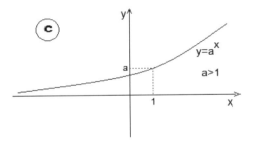

Fig.5.20

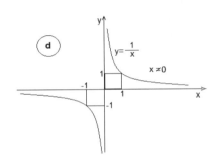

Fig.5.21

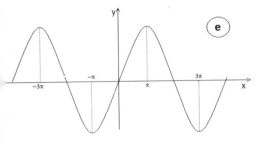

Fig.5.22

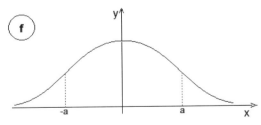

Fig.5.23

7 Integral

Canteiros de Machu Picchu (Peru) (foto do autor)

"Um modelo matemático nunca encerra uma verdade definitiva, pois é sempre uma aproximação da realidade analisada e, portanto, sujeito a mudanças. Esse processo dinâmico de busca de modelos adequados é o que se convencionou chamar de modelagem matemática."

Rodney Carlos Bassanezi

7 Integral

Vamos apresentar os conceitos de *integral indefinida* ou antiderivada e de *integral definida*. Veremos que tais conceitos, definidos de maneiras bem distintas, estão relacionados por meio do **Teorema Fundamental do Cálculo.**

Não daremos muita ênfase aos métodos de integração, entretanto alguns deles serão destacados nas aplicações que faremos. Os distintos métodos de integração podem ser encontrados em qualquer livro de Cálculo e fica como exercício para os alunos interessados.

7.1 Integral indefinida

Consideremos o seguinte problema: *Encontrar uma função $y = f(x)$ derivável num intervalo (a, b) e cuja derivada $y' = \frac{dy}{dx}$ é uma função conhecida, em outras palavras devemos encontrar $y = f(x)$ tal que $\frac{dy}{dx} = F(x)$ com $a < x < b$.*

Uma solução desse problema, se existir, é chamada *integral indefinida ou antiderivada* da função $F(x)$.

Exemplo. Achar $y = f(x)$ tal que $\frac{dy}{dx} = 2x$, $x \in \mathbb{R}$.

Solução: Do estudo das derivadas, sabemos que se $y = x^2$ então $\frac{dy}{dx} = 2x$, de modo que a função $y = x^2$ é uma solução do problema. Então, dizemos que $y = x^2$ é uma integral indefinida da função $F(x) = 2x$. É claro que tal solução não é única, pois a função $y = x^2 + C$, sendo C uma constante arbitrária, também satisfaz a condição $\frac{dy}{dx} = 2x$.

As soluções desse tipo de problema nem sempre se apresentam sob uma forma simples como do exemplo anterior e podem mesmo nem existir. A seguinte proposição indica uma maneira de se encontrar a forma geral de uma integral indefinida:

Proposição 18. *Se $y = f(x)$ é uma integral indefinida de $F(x)$ então toda integral indefinida de $F(x)$ é da forma $y = f(x) + C$, onde C é uma constante.*

Demonstração: Seja $y = \varphi(x)$ uma integral indefinida de $F(x)$, isto é, $\frac{d\varphi}{dx} = F(x)$.

Logo,

$$\frac{d\varphi}{dx} = \frac{df}{dx} \iff \frac{d}{dx}(\varphi(x) - f(x)) = 0 \iff \varphi(x) - f(x) = C.$$

Portanto, $\varphi(x) = f(x) + C$.

A proposição anterior nos permite afirmar que, para calcular todas as integrais indefinidas de uma função $F(x)$, basta calcular uma delas e todas as demais são obtidas acrescentando-se uma constante arbitrária.

7 Integral

Para significar que $y = f(x) + C$ representa todas as integrais indefinidas de $F(x)$, escrevemos

$$\int F(x)dx = f(x) + C$$

que deve ser lido: *a integral indefinida de F(x), em relação a x, é igual a f(x) mais constante*.

O processo para encontrar as soluções de uma integral indefinida é denominado resolução de uma *equação diferencial* $\frac{dy}{dx} = F(x)$, isto é,

$$\frac{dy}{dx} = F(x) \iff dy = F(x)dx \iff \int F(x)dx = y + C \qquad (7.1.1)$$

A solução de uma integral indefinida é uma família infinita de curvas que satisfazem *7.1.1*. Cada constante C determina uma solução particular (veja fig. 6.1)

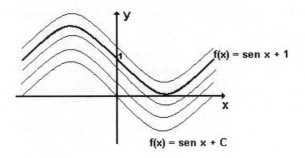

Fig.6.1 - Solução da integral indefinida de cos x

Exemplos.

(1) $\int 2x\,dx = x^2 + C$, pois $\frac{d}{dx}\left(x^2 + C\right) = 2x$;

(2) $\int x^3\,dx = \frac{x^4}{4} + C$, pois $\frac{d}{dx}\left(\frac{x^4}{4} + C\right) = x^3$;

(3) Se $n \neq -1$, então $\int x^n\,dx = \frac{x^{n+1}}{n+1} + C$, pois $\frac{d}{dx}\left(\frac{x^{n+1}}{n+1} + C\right) = x^n$. Observamos que $n \neq -1$ para evitar que o denominador se anule.

(4) $\int sen x\,dx = \cos x + C$, pois $\frac{d}{dx}(\cos x + C) = sen x$.

7 Integral

7.1.1 Propriedades da integral indefinida

As integrais indefinidas apresentam algumas propriedades que são consequências imediatas de propriedades análogas das derivadas, uma delas é a linearidade, isto é:

· (1)

$$\int (F(x) \pm G(x))\, dx = \int F(x)dx \pm \int G(x)dx;$$

· (2)

$$\int kF(x)dx = k \int F(x)dx,\ k \text{ constante.}$$

De 7.1.1, podemos inferir que:

· (3)

$$\int \left[\frac{d}{dx}F(x) \right] dx = F(x) + C$$

Com base na definição e propriedades da integral indefinida, resolveremos alguns exemplos típicos:

Exemplos. 1. Calcule as seguintes integrais indefinidas:

(a) $\int 2x + 3)dx$

Solução: $\int 2x+3)dx = \int 2xdx + \int 3dx = 2\int xdx + 3\int 1dx = 2\frac{x^2}{2}+C_1+3x+C_2 = \frac{x^2}{2}+3x+C;$

(b) $\int (3x-1)^2\, dx$

Solução: Vamos resolver essa integral, usando dois métodos distintos:

· Diretamente: $\int (3x-1)^2\, dx = \int \left(9x^2 - 6x + 1\right)dx = \int 9x^2dx - \int 6xdx + \int dx = 3x^3 - 3x^2 + x + C;$

· Usando uma mudança de variáveis: $3x - 1 = z \Longrightarrow dx = \frac{1}{3}dz,$
$\int (3x-1)^2\, dx = \frac{1}{3}\int z^2 dz = \frac{1}{9}z^3 + C = \frac{1}{9}(3x-1)^3 + C = 3x^3 - 3x^2 + x + C.$

(c) $\int x^2 \left(1 + 2x^3\right)^{-\frac{2}{3}}\, dx$

Solução: Consideremos a seguinte mudança de variáveis $z = 1+2x^3 \Longrightarrow dz = 6x^2dx \Longrightarrow x^2dx = \frac{1}{6}dz$, então

$$\int x^2 \left(1 + 2x^3\right)^{-\frac{2}{3}}\, dx = \frac{1}{6}\int z^{-\frac{2}{3}}dz = \frac{1}{6}\frac{z^{\frac{1}{3}}}{\frac{1}{3}} + C = \frac{\sqrt[3]{z}}{2} + C = \frac{1}{2}\sqrt[3]{1 + 2x^3} + C$$

2. Se uma função $F(x)$ tem derivada igual a $2x + 1$ e $F(0) = 1$, encontre $F(x)$.

7 Integral

Solução: Sabemos que se $\frac{dF}{dx} = 2x + 1$, então $\int (2x+1)\,dx = F(x) + C$, isto é,

$$F(x) = x^2 + x + C$$

A condição F(0)=1 permite determinar o valor da constante C, ou seja,

$$F(0) = 1 = 0^2 + 0 + C = C.$$

Portanto,

$$F(x) = x^2 + x + 1$$

Uma maneira mais simples de se colocar o problema anterior é o seguinte: Resolver a equação diferencial com condição inicial

$$\begin{cases} \frac{dF}{dx} = 2x + 1 \\ F(0) = 1 \end{cases}$$

Problemas desse tipo são denominados de *Problemas de Cauchy.*

Exemplo. a) A velocidade de uma partícula em movimento, num instante t, é dada por $v(t) = k.t$, onde k é uma constante. Se no instante $t = 0$ a partícula está na posição s_0, qual a expressão do espaço $s(t)$?

Solução: Temos que $v(t) = \frac{ds}{dt} = kt \Longrightarrow s(t) = \int kt\,dt = \frac{k}{2}t^2 + C$.

Usando a condição inicial $s(0) = s_0$, obtemos $C = s_0$. Portanto, $s(t) = \frac{k}{2}t^2 + s_0$.

b) Se a aceleração de uma partícula em movimento retilínio, é dada por $a(t) = \left(t^2 + 1\right)^2$ e sabemos que $v(0) = v_0$ e $s(0) = s_0$, encontrar as expressões da velocidade e do espaço percorrido, num instante t.

Solução: Temos que

$$a(t) = \left(t^2 + 1\right)^2 \Longrightarrow v(t) = \int \left(t^2 + 1\right) dt = \int \left(t^4 + 2t^2 + 1\right) dt = \frac{1}{5}t^5 + \frac{2}{3}t^3 + t + C_1$$

Para $t = 0$, determinamos $C_1 = v_0$;

$$s(t) = \int v(t)dt = \int \left(\frac{1}{5}t^5 + \frac{2}{3}t^3 + t + v_0\right) dt = \frac{1}{30}t^6 + \frac{1}{6}t^4 + \frac{1}{2}t^2 + v_0 t + C_2$$

Para $t = 0$, temos $s(0) = s_0 = C_2$. Logo,

$$s(t) = \frac{1}{30}t^6 + \frac{1}{6}t^4 + \frac{1}{2}t^2 + v_0 t + s_0$$

7 Integral

Exercícios. 1) Calcule a integral definida das seguintes funções:

(a) $f(x) = 1 - 4x + 9x^2$;

(b) $f(x) = \frac{\sqrt{x}}{2} - \frac{2}{\sqrt{x}}$;

(c) $f(x) = \frac{x+1}{\sqrt[3]{x^2+2x+2}}$;

(d) $f(x) = (2 - 3t)^{\frac{2}{3}}$.

2) Determine as equações diferenciais com condições iniciais:

(a) $\begin{cases} \frac{dy}{dx} = 4x^2 + 6x - 5 \\ y_0 = 3 \end{cases}$;

(b) $\begin{cases} \frac{dy}{dx} = \sqrt{2 - x} \\ y_0 = 0 \end{cases}$;

(c) $\begin{cases} \frac{dy}{dx} = \cos x\,sen x \\ y_0 = 1 \end{cases}$.

3) Determine $y = f(x)$, sabendo-se que $\frac{dy}{dx} = \frac{x}{y}$.

Sugestão: Escreva a equação diferencial na forma diferencial e integre membro a membro.

Obs.: A função $y = f(x)$, não identicamente nula, tal que $\frac{dy}{dx} = y$ é denominada função exponencial e

denotada por $f(x) = e^x$.

$$\frac{d}{dx}e^x = e^x \Longleftrightarrow \int e^x dx = e^x + C$$

A inversa $x = f^{-1}(y)$ da função $y = f(x) = e^x$ é definida com a equação diferencial, isto é,

$$\frac{dy}{dx} = y \Longleftrightarrow \frac{1}{y}dy = dx \Longleftrightarrow x = \int \frac{1}{y}dy = \ln y + C$$

Assim,

$$y = e^x \Longleftrightarrow x = \ln y$$

ou

$$\ln e^x = x \Leftrightarrow e^{\ln y} = y$$

Faremos mais tarde um estudo mais elaborado dessas funções que são fundamentais para as aplicações práticas.

7 Integral

7.2 Integral definida

7.2.1 Área

Seja $f(x)$ uma função contínua e positiva no intervalo $[a,b]$. Vamos denotar por A_a^b a região escurecida da figura 6.2:

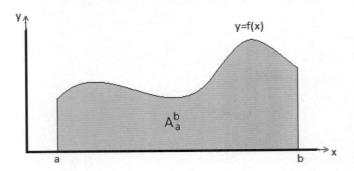

Fig.6.2 - Região A_a^b

A região A_a^b é uma figura limitada pelo eixo-x, pelas retas $x = a$ e $x = b$ e pelo "gráfico" da função $f(x)$.

Nosso objetivo agora é dar uma definição da *área de* A_a^b, que coincida com a intuição geométrica e que possa ser calculada quando conhecemos a função f. Posteriormente, estenderemos a definição para funções contínuas quaisquer (não necessariamente positivas) e também para uma classe especial de funções descontínuas.

Definição de área de A_a^b :

Vamos dividir o intervalo $[a,b]$ em n partes iguais. O comprimento de cada subintervalo será $\Delta x = \frac{b-a}{n}$. Sejam

$$x_0 = a; x_1 = a + \Delta x; x_2 = a + 2\Delta x; ..., x_{n-1} = a + (n-1)\Delta x$$

os extremos esquerdos destes subintervalos.

Através de retas paralelas ao eixo-y, passando pelos pontos $x_0; x_1; x_2; ...; x_{n-1}$, divide-se a região A_a^b em subregiões: $A_1, A_2, ..., A_n$ cujas áreas são aproximadas pelas áreas dos retângulos de base Δx e alturas $f(x_0); f(x_1); f(x_2); ...; f(x_{n-1})$, como na figura 6.3:

7 Integral

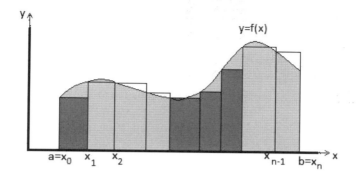

Fig.6.3 - Partição da região A_a^b em subregiões retangulares

Sejam R_i os retângulos de base Δx e altura $f(x_{i-1})$. Temos que
Área de $R_1 = f(x_0)\Delta x$;
Área de $R_2 = f(x_1)\Delta x$;
Área de $R_3 = f(x_2)\Delta x$;

....

Área de $R_n = f(x_{n-1})\Delta x$.

À medida que o número de subintervalos aumenta e, como consequência, o comprimento de Δx diminui, a aproximação da área A_i, $1 \leq i \leq n$, pela área do retângulo R_i correspondente, é cada vez menor, isto é, $|A_i - f(x_{i-1})\Delta x|$ é cada vez menor. Dessa forma, quando "n for suficientemente grande", a diferença entre a área de A_a^b e a soma das áreas dos retângulos R_i será "arbitrariamente pequena". É então razoável colocarmos, por definição:

$$\text{Área de } A_a^b = \lim_{n\to+\infty} \sum_{i=0}^{n-1} f(x_i)\Delta x \qquad (7.2.1)$$

Obs.:

(a) Na definição de área de A_a^b 7.2.1, poderíamos ter considerado os extremos direitos dos retângulos ou mesmo um ponto qualquer c_i de cada subintervalo $[x_{i-1}, x_i]$ para tomar sua altura $f(c_i)$, sem alterar o resultado;

(b) Se os comprimentos dos subintervalos da partição de $[a, b]$ forem distintos, então devemos substituir a definição 7.2.1 pela seguinte definição mais geral:

$$\text{Área de } A_a^b = \lim_{|\Delta x_i| \to 0} \sum_{i=0}^{n-1} f(x_i)\Delta x_i \qquad (7.2.2)$$

7 Integral

onde $|\Delta x_i| = \max|x_i - x_{i-1}|$, $1 \leq i \leq n$. Podemos ver que se $|\Delta x_i| \to 0$ então $n \to +\infty$, mas a recíproca pode não ser verdadeira, isto é, $n \to +\infty \not\Rightarrow |\Delta x_i| \to 0$ (dê um exemplo).

Exemplos. 1) Seja $f(x) = mx$, determinar a área de A_a^b no intervalo $[a,b]$.
Solução: A região de A_a^b considerada pode ser visualizada na figura 6.4

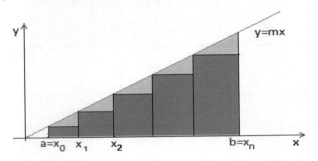

Fig.6.4 - Região A_a^b determinada pela reta mx

Nesse caso, estamos considerando as bases dos retângulos iguais a $\Delta x = \frac{b-a}{n}$. Então,
Área de $R_1 = f(a)\Delta x = ma\Delta x$;
Área de $R_2 = f(x_1)\Delta x = mx_1\Delta x = m(a + \Delta x)\Delta x$;
....

Área de $R_n = f(x_{n-1})\Delta x = mx_{n-1}\Delta x = m[a + (n-1)\Delta x]\Delta x$.
A soma das áreas dos retângulos é

$$S_n = m[a + (a + \Delta x) + ... + (a + (n-1)\Delta x)]$$
$$= m[na + (1 + 2 + 3 + ... + n)\Delta x]\Delta x$$
$$= m\left[na + \frac{n(n-1)}{2}\Delta x\right]\Delta x$$
$$= mn\left[a + \frac{(n-1)}{2}\frac{(b-a)}{n}\right]\frac{(b-a)}{n}$$
$$= m\left[a + \frac{(n-1)}{n}\frac{(b-a)}{2}\right](b-a)$$

Agora se considerarmos a definição 7.2.1, para obter a área de A_a^b basta calcular o limite:

$$A_a^b = \lim_{n \to +\infty} S_n = m(b-a)\left[a + \frac{(b-a)}{2}\lim_{n \to +\infty}\frac{(n-1)}{n}\right]$$

7 Integral

ou seja,

$$\text{área de } A_a^b = m(b-a)\left[a + \frac{(b-a)}{2}\right] = m(b-a)\frac{a+b}{2}$$

$$= \frac{1}{2}(ma + mb)(b-a)$$

que é a fórmula da área do trapézio conhecida.

2) Calcular a área de A_0^1 quando $y = f(x) = x^2$.

Solução: Temos que $\Delta x = \frac{1}{n}; x_0 = 0; x_1 = \frac{1}{n}; x_2 = \frac{2}{n};...; x_{n-1} = \frac{n-1}{n}$.

$$\text{Área de } A_0^1 = \lim_{n \to \infty} \sum_{i=1}^{n-1} f(x_i)\Delta x$$

$$= \lim_{n \to \infty}\left[f(0)\Delta x + f(\frac{1}{n})\Delta x + f(\frac{2}{n})\Delta x + ... + f(\frac{n-1}{n})\Delta x\right]$$

$$= \lim_{n \to \infty}\left[0 + \frac{1}{n^2} + \frac{2^2}{n^2} + ... + (\frac{n-1}{n})^2\right]\frac{1}{n}$$

$$= \lim_{n \to \infty}\left[1^2 + 2^2 + ... + (n-1)^2\right]\frac{1}{n^3}$$

$$= \lim_{n \to \infty}\frac{(n-1).n.(2n-1)}{6}.\frac{1}{n^3} = \frac{1}{3}$$

Extensão da definição de área sob uma curva

Exemplo. Nas definições 7.2.1 e 7.2.2, consideramos que a função $y = f(x)$ é contínua e positiva em $[a,b]$. Como consequência, o valor da área de A_a^b é também um número positivo. Suponhamos agora que f é negativa em $[a,b]$. Nesse caso, a área de A_a^b é definida por

$$\text{área de } A_a^b = -\lim_{n \to \infty} \sum_{i=1}^{n-1} f(x_i)\Delta x = \lim_{n \to \infty} \sum_{i=1}^{n-1} g(x_i)\Delta x \tag{7.2.3}$$

onde $g(x) = -f(x)$.

7 Integral

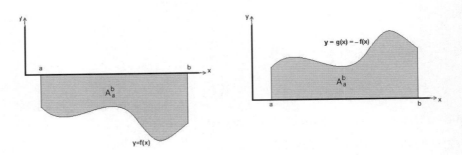

Fig.6.5 - Área de uma função negativa

Decorre da definição 7.2.3 que a área da região limitada pelas retas $y = x$; $x = a$; $x = b$ e pelo gráfico da função negativa f em $[a,b]$ é também um número positivo. Seja f é uma função contínua em $[a,b]$, a função módulo de f : $|f|$, definida por

$$|f|(x) = |f(x)| = \begin{cases} f(x) & \text{se } f(x) \geq 0 \\ -f(x) & \text{se } f(x) < 0 \end{cases}$$

é sempre positiva ou nula em $[a,b]$.

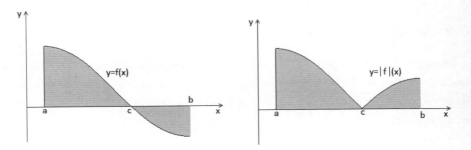

Fig.6.6 - Gráficos das funções f e $|f|$

A definição de área de A_a^b para uma função contínua em $[a,b]$ é dada por:

$$\text{Área de } A_a^b = \lim_{n \to \infty} \sum_{i=1}^{n-1} |f(x_i)| \Delta x = \lim_{|\Delta x_i| \to 0} \sum_{i=1}^{n-1} |f(x_i)| \Delta x_i$$

Essa definição generaliza as anteriores e nos permite concluir que área de $A_a^b \geq 0$ e $A_a^b = 0 \iff f(x)$ é identicamente nula ou $a = b$.

7 Integral

Obs.: Podemos finalmente estender a definição de área de A_a^b para funções limitadas em $[a,b]$ e que apresentam um número **finito** de pontos de descontinuidade nesse intervalo.

Sejam $b_1, b_2, ..., b_k$ pontos de descontinuidade de f em $[a,b]$. Nesse caso, consideramos $A_a^b = A_a^{b_1} + A_{b_1}^{b_2} + ... + A_{b_{n-1}}^{b_n} + A_{b_n}^b$, de modo que f é contínua em cada subintervalo que define as regiões $A_a^{b_1}$; $A_{b_{i-1}}^{bi}$ ou $A_{b_n}^b$.

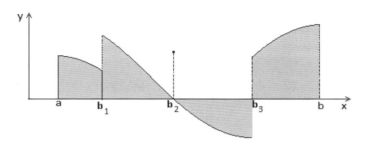

Fig.6.7 - Região limitada por uma curva descontínua em um número finito de pontos

Definição de integral definida

Seja $f(x)$ uma função contínua no intervalo fechado $[a,b]$. Consideremos uma partição de $[a,b]$ em n subintervalos de mesmo comprimento, por meio dos pontos ordenados:

$$a = x_0, x_1, x_2, ..., x_{n-1}, x_n = b$$

Temos que $|x_{i+1} - x_i| = \Delta x = \frac{b-a}{n}$ para todo i, com $0 \leqslant i \leqslant n-1$.

Consideremos para cada $n \in \mathbb{N}$ a soma

$$S_n = \sum_{i=0}^{n-1} f(x_i) \Delta x$$

Definimos a *integral definida* de f em $[a,b]$, e denotamos por $\int_a^b f(x)dx$ o seguinte limite:

$$\int_a^b f(x)dx = \lim_{n \to \infty} S_n = \lim_{n \to \infty} \sum_{i=0}^{n-1} f(x_i) \Delta x \qquad (7.2.4)$$

7 Integral

Obs.:

○ Na definição 7.2.4, tomamos os extremos esquerdos x_i de cada subintervalo $[x_i, x_{i+1}]$ em que foi dividido $[a, b]$. Pode-se demonstrar que o limite que define a integral definida 7.2.4 tem o mesmo valor se tomarmos um ponto qualquer $c_i \in [x_i, x_{i+1}]$;

○ Os comprimentos dos subintervalos da partição de $[a, b]$ podem ser distintos, desde que $n \to \infty \Longleftrightarrow \max_{0 \leqslant i \leqslant n-1} |x_{i+1} - x_i| \to 0$;

○ A definição continua válida desde que $f(x)$ seja limitada e tenha apenas um número finito de descontinuidade em $[a, b]$.

Assim, a definição mais geral para integral definida é dada por

$$\int_a^b f(x)dx = \lim_{\Delta x_i \to 0} \sum_{i=0}^{n-1} f(c_i)\Delta x_i \tag{7.2.5}$$

com $c_i \in [x_i, x_{i+1}]$; $n \to \infty \Longleftrightarrow \max_{0 \leqslant i \leqslant n-1} |x_{i+1} - x_i| \to 0$ e tal que $f(x)$ seja limitada e tenha apenas um número finito de descontinuidade em $[a, b]$.

○ Se $a \geqslant b$, definimos

$$\int_a^b f(x)dx = -\int_b^a f(x)dx$$

Interpretação geométrica da integral definida

a) Se f é positiva em $[a, b]$, então

$$\int_a^b f(x)dx = \text{área de } A_a^b$$

b) Se f é negativa em $[a, b]$, tem-se

$$\int_a^b f(x)dx = -\text{área de } A_a^b$$

7 Integral

c) Se f muda de sinal em $[a,b]$, tal que $f \geq 0$ em $[c,d]$ e, portanto, $f < 0$ em $[a,b] - [c,d]$;

$$\int_a^b f(x)dx = \text{área de } A_c^d - \text{área da região onde } f < 0$$

Exemplo. Calcular $\int_0^{2\pi} \sin x \, dx$.

Solução: Temos que $sen\, x \geqslant 0$ em $[0, 2\pi]$ se $x \in [0, \pi]$ e $sen\, x < 0$ se $x \in (\pi, 2\pi]$. Então,

$$\int_0^{2\pi} sen\, x \, dx = A_0^\pi - A_\pi^{2\pi} = \int_0^\pi sen\, x \, dx - \int_\pi^{2\pi} sen\, x \, dx = 0$$

Propriedades da integral definida

1) $\int_a^a f(x)dx = 0$;

2) Se $c \in [a,b]$, então $\int_a^b f(x)dx = \int_a^c f(x)dx + \int_c^b f(x)dx$;

3) $\int_a^b [f(x) \pm g(x)]dx = \int_a^b f(x)dx + \int_a^b g(x)dx$;

4) $\int_a^b f(x)dx = -\int_b^a f(x)dx$;

5) Se $|f(x)| \leq M$ em $[a,b] \Longrightarrow \left| \int_a^b f(x)dx \right| \leqslant M(b-a)$.

7.2.2 A função logarítmo natural

Consideremos a função $f(t) = \frac{1}{t}$ para $t > 0$. Temos que f é contínua e derivável em todo seu domínio $\mathbb{R}^+ = \{t \in \mathbb{R} : t > 0\}$.

Seja A_1^x a região limitada por $f(t) = \frac{1}{t}$, então

$$\text{área de } A_1^x = \int_1^x \frac{1}{t}dt = |F(x) - F(1)| = |F(x)| \quad \text{para } x > 0.$$

7 Integral

Lembrando que $A_1^1 = \int_1^1 \frac{1}{t}dt = 0$ e que $\int_1^x \frac{1}{t}dt = -\int_x^1 \frac{1}{t}dt$ se $0 < x < 1$.

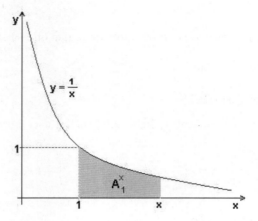

Fig.6.8 - Definição de logarítmo natural para x maior que 1.

Definição 16. *Definimos a função logarítmo natural de x, e denotamos por $y = \ln x$ como sendo o valor da área de A_1^x se $x \geqslant 1$ e $-($área de $A_x^1)$ se $x < 1$, ou seja,*

$$\ln x = \begin{cases} \int_1^x \frac{1}{t}dt & se\ x \geqslant 1 \\ -\int_x^1 \frac{1}{t}dt & se\ 0 < x < 1 \end{cases}$$

Como consequência dessa definição, temos

$$\int \frac{1}{x}dx = \ln x + C$$

Propriedades da função logarítimo: $y = \ln x$:

P_1. $\ln(ab) = \ln a + \ln b$ e $\ln \frac{a}{b} = \ln a - \ln b$;
De fato, sejam $x = \ln a$ e $y = \ln b \Longleftrightarrow a = e^x$ e $b = e^y \Longrightarrow ab = e^x.e^y$. Logo,

$$\ln(ab) = \ln a + \ln b \iff e^x.e^y = e^{x+y}$$

Analogamente,
$$\ln \frac{a}{b} = \ln a - \ln b \iff \frac{e^x}{e^y} = e^{x-y}$$

7 Integral

P_2. A função $y = F(x) = \ln x$ é definida no intervalo $(0, +\infty) = \{x \in \mathbb{R} : x > 0\} = \mathbb{R}^+$; F é contínua em todo seu domínio e $\begin{cases} \ln x > 0 \text{ se } x > 1 \\ \ln x = 0 \text{ se } x = 1 \\ \ln x < 0 \text{ se } 0 > x > 1 \end{cases}$;

P_3. $F(x)$ é diferenciável em seu domínio e

$$\frac{d}{dx} \ln x = \frac{1}{x} > 0 \text{ se } x > 0;$$

Logo, a função é sempre crescente.

P_4. $y = F(x) = \ln x$ não é limitada e sua imagem é todo $\mathbb{R}$,

$$\lim_{x \to +\infty} \ln x = +\infty \text{ e } \lim_{x \to 0} \ln x = -\infty$$

Isso segue do fato de que, para qualquer $n \in \mathbb{N}$, $\ln n > \frac{1}{2} + \frac{1}{3} + ... + \frac{1}{n}$ (verifique).

P_5. A concavidade da função logarítmo é sempre voltada para baixo, pois

$$\frac{d^2}{dx^2} \ln x = -\frac{1}{x^2} < 0 \text{ se } x > 0;$$

P_6. A função logarítmo natural admite uma função inversa com as mesmas qualidades, isto é, a inversa é definida, contínua e diferenciável em $\mathbb{R}$. Ainda mais, é sempre crescente.

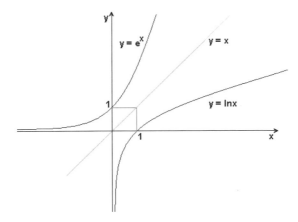

Fig.6.9 - Gráfico da função logarítmo natural e sua inversa

7 Integral

Seja $x = g(y)$ função inversa de $y = \ln x$, então devemos ter $g(\ln x) = x$ e, portanto,

$$\frac{d\,[g(\ln x)]}{dx} = \frac{dg}{dy}\frac{d\ln x}{dx} = 1 \Longleftrightarrow \frac{dg}{dy} = x = g(y)$$

ou seja, a função inversa do logarítmo é igual a sua derivada. Definimos pois $x = g(y) = e^y$:

$$y = \ln x \Longleftrightarrow x = e^y$$

Obs.: Se $a > 0$, temos $a^x = e^{x\ln a}$ e definimos $y = \log_a x \Longleftrightarrow a^y = x$.

Exemplo. Suponhamos que a velocidade de uma determinada doença (contaminação), numa cidade, seja proporcional ao número de pessoas sadias em cada instante. Se P_0 é a quantidade de doentes detectados no instante $t = 0$, determine um modelo que possa prever a quantidade de doentes num instante t qualquer.

Solução: Consideremos a cidade com uma população de K habitantes. O número de sadios em cada instante será $(K - P)$.

Devemos, pois, obter o número de doentes $P = P(t)$, satisfazendo a equação

$$\begin{cases} \frac{dP}{dt} = a(K - P) \, , \, a > 0 \\ P_0 = P(0) \quad \text{dado} \end{cases} \tag{7.2.6}$$

Essa equação, na forma diferencial, é dada por:

$$\frac{1}{K - P}dP = a\,dt \tag{7.2.7}$$

Sabemos que duas funções com diferenciais iguais diferem de uma constante. Logo,

$$\int \frac{1}{K - P}dP = \int a\,dt + C_1 \tag{7.2.8}$$

Para resolver $\int \frac{1}{K-P}dP$, consideramos a mudança de variáveis $z = K - P \Longrightarrow dz = -dP$

$$\int \frac{1}{K - P}dP = -\int \frac{1}{z}dz = -\ln z + C = -\ln(K - P) + C_2$$

Logo, de 7.2.8, obtemos

$$-\ln(K - P) + C_2 = at + C_1 \Longrightarrow \ln(K - z) = -at + C \tag{7.2.9}$$

7 Integral

onde $C = C_2 - C_1$ é uma constante arbitrária, assim como C_1 e C_2.

Agora podemos obter P(t) de 7.2.9, considerando a função exponencial de cada membro,

$$e^{\ln(K-P)} = e^{(-at+C)} = e^C.e^{-at}$$

Logo,

$$K - P = e^C.e^{-at} \implies P(t) = K - e^C.e^{-at} \qquad (7.2.10)$$

Usando a condição inicial $P_0 = P(0)$, obtemos o valor da constante C

$$P_0 = K - e^C \implies e^C = K - P_0$$

portanto,

$$P(t) = K - (K - P_0).e^{-at}$$

Podemos observar que

$$\lim_{t \to \infty} P(t) = \lim_{t \to \infty} \left[K - (K - P_0).e^{-at} \right] = K$$

isto é, se a doença não for controlada, então toda população ficará doente no futuro. O ponto $P = K$ é uma assíntota horizontal de $P(t)$ e satisfaz a equação $\frac{dP}{dt} = a(K-P) = 0$. Dizemos, nesse caso, que $P = K$ é um *ponto de equilíbrio* de $P(t)$.

Modelos populacionais

Equações diferenciais do tipo

$$\frac{dy}{dx} = F(y) \qquad (7.2.11)$$

são denominadas *equações autônomas* e desempenham um papel fundamental na modelagem de fenômenos biológicos. Utilizando o conceito de diferencial, podemos escrever a equação 7.2.11 na forma

$$\frac{dy}{F(y)} = dx \qquad (7.2.12)$$

desde que $\frac{1}{F(y)}$ seja bem definida no intervalo de interesse, isto é, $F(y)$ não se anule e seja contínua num intervalo (a, b). Com essa hipótese, podemos obter a solução geral

7 Integral

de 7.2.11, integrando membro a membro a equação 7.2.12:

$$\int \frac{1}{F(y)} dy = x + C$$

Um exemplo típico desse tipo de equação é o **modelo malthusiano para cresci-mento populacional** (Modelo de Malthus-1798), que pode ser traduzido por: "o crescimento populacional é proporcional à população", ou seja,

$$\frac{dP}{dt} = kP$$

Se conhecemos o valor da população inicial P_0 para algum $t = 0$, teremos um problema de valor inicial (Problema de Cauchy)

$$\begin{cases} \frac{dP}{dt} = aP \\ P_0 \text{ dado} \end{cases} \tag{7.2.13}$$

onde a é a taxa de crescimento relativo. Como $P(t) > 0$ para todo $t \geqslant 0$, podemos escrever 7.2.13 na forma diferencial

$$\frac{1}{P} dP = a\, dt \implies \int \frac{1}{P} dP = \int a\, dt$$

portanto,

$$\ln P(t) = at + C \implies P(t) = e^{C+at} = e^c e^{at}$$

Considerando a condição inicial $P_0 = P(0)$, vem $P_0 = e^C \implies$

$$P(t) = P_0 e^{at}$$

ou seja, a população cresce exponencialmente se $a > 0$. Se $a < 0$, então a população

7 Integral

será extinta.

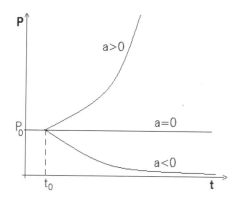

Fig.6.10 - Crescimento exponencial

Um modelo mais realístico leva em consideração que a taxa de crescimento relativa decresce quando a população cresce. O **modelo logístico** (Modelo de Verhurst-1837) é um exemplo desse fato, onde $a(P) = a(K - P)$:

$$\begin{cases} \frac{dP}{dt} = aP(K - P) \\ P_0 = P(0) \, ; \, K > P \text{ e } a > 0 \end{cases} \quad (7.2.14)$$

Agora, usando o procedimento de solução das equações autônomas, temos

$$\frac{1}{P(K - P)} dP = a \, dt$$

A função $F(P) = \frac{1}{P(K-P)}$ está bem definida no intervalo $(0, K)$. Então,

$$\int \frac{1}{P(K - P)} dP = \int a \, dt \quad (7.2.15)$$

O cálculo da integral $\int \frac{1}{P(K-P)} dP$ exige uma técnica distinta do que se viu até agora, denominada **método das frações parciais**-

Devemos simplificar a função $F(P) = \frac{1}{P(K-P)}$, dividindo-a em uma soma onde sabemos calcular a integral de cada parcela:

$$\frac{1}{P(K - P)} = \frac{A}{P} + \frac{B}{K - P} \implies \frac{1}{P(K - P)} = \frac{A(K - P) + BP}{P(K - P)}$$

7 Integral

Portanto, devemos ter $A(K-P)+BP = 1 \iff AK+(B-A)P = 1 \implies \begin{cases} AK = 1 \\ B-A = 0 \end{cases} \implies$

$\begin{cases} A = \frac{1}{K} \\ B = A = \frac{1}{K} \end{cases} \implies \frac{1}{P(K-P)} = \frac{\frac{1}{K}}{P} + \frac{\frac{1}{K}}{K-P}$

$$\int \frac{1}{P(K-P)} dP = \frac{1}{K}\left[\int \frac{dP}{P} + \int \frac{dP}{K-P}\right] = \frac{1}{K}[\ln P - \ln(K-P)]$$

Assim, a equação 7.2.15 pode ser escrita como:

$$\frac{1}{K}\ln\frac{P}{K-P} = at + C$$

ou

$$\frac{P}{K-P} = e^{aKt}e^{C}$$

Considerando a condição inicial $P(0) = P_0$, vem que $e^C = \frac{P_0}{K-P_0} = k$. Vamos agora explicitar a função $P(t)$ em $\frac{P}{K-P} = ke^{aKt}$:

$$P = (K-P)ke^{aKt} \iff P(1 + ke^{aKt}) = Kke^{aKt} \implies$$

$$P(t) = \frac{Kke^{aKt}}{(1 + ke^{aKt})} = \frac{KP_0}{(K-P_0)e^{-aKt} + P_0}$$

Observamos que $\lim_{t\to\infty} P(t) = K$, ou seja, a população é sempre crescente, pois

$$\frac{dP}{dt} = aP(K-P) > 0$$

7 Integral

mas tende a um valor fixo $K > P$, denominado *capacidade suporte de P*.

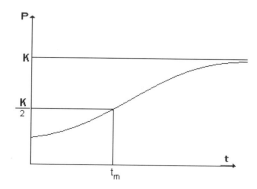

Fig.6.11 - Curva logística

Exercício. Use o método das frações parciais e resolva as integrais:

(a) $\int \frac{dx}{x^2-4}$; (b) $\int \frac{3}{x^2+x-2}dx$; (c) $\int \frac{-(x+1)}{2x(x-1)^2}dx$

Alguns resultados provenientes das integrais definidas são bastante interessantes e auxiliam na resolução de problemas práticos. Nesse contexto se encaixa o seguinte teorema:

Teorema 25. *(Teorema do Valor Intermediário) Seja f(x) uma função contínua em $[a,b]$. Existe um ponto $c \in [a,b]$, tal que*

$$\int_a^b f(x)dx = f(c)\,(b-a)$$

Esse teorema afirma que se $f(x) > 0$, existe um ponto $c \in [a,b]$ tal que a área de A_a^b é igual à área do retângulo de lado $(b-a)$ e altura $f(c)$.

7 Integral

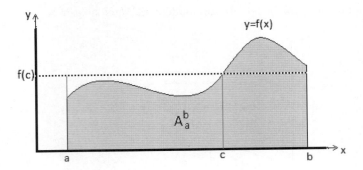

Fig.6.12 - Interpretação geométrica do Teorema do Valor Intermediário

Demonstração: Sejam $\begin{cases} m = \text{mínimo de } f(x) \text{ em } [a,b] \\ M = \text{máximo de } f(x) \text{ em } [a,b] \end{cases}$ (existem, via Teorema de Weierstrass, porque f é contínua em $[a,b]$).

Então, para todo $x \in [a,b]$, temos $m \leqslant f(x) \leqslant M$ e consequentemente

$$m(b-a) \leqslant \int_a^b f(x)dx \leqslant M(b-a)$$

ou

$$m \leqslant \frac{1}{b-a} \int_a^b f(x)dx \leqslant M$$

ou seja, $\frac{1}{b-a}\int_a^b f(x)dx$ está compreendido entre os valores máximo e mínimo de $f(x)$ e, como f é contínua em $[a,b]$, deve existir um ponto $c \in [a,b]$, tal que

$$f(c) = \frac{1}{b-a} \int_a^b f(x)dx \Longleftrightarrow \int_a^b f(x)dx = f(c).(b-a)$$

Proposição 19. *Seja $y = f(x)$ uma função definida e contínua em $[a,b]$, então a função $F(x)$ definida pela integral definida*

$$F(x) = \int_a^x f(t)dt$$

é derivável em $[a,b]$ e $F'(x) = f(x)$.

7 Integral

Demonstração: Usando a definição de derivada $F'(x) = \lim_{h\to 0} \frac{F(x+h)-F(x)}{h}$, vem

$$F'(x) = \lim_{h\to 0} \frac{F(x+h)-F(x)}{h} = \lim_{h\to 0} \frac{1}{h}\left[\int_a^{x+h} f(t)dt - \int_a^x f(t)dt\right]$$

$$= \lim_{h\to 0} \frac{1}{h}\left[\left(\int_a^x f(t)dt + \int_x^{x+h} f(t)dt\right) - \int_a^x f(t)dt\right] = \lim_{h\to 0} \frac{1}{h}\int_x^{x+h} f(t)dt$$

pelo Teorema do Valor Intermediário, existe $c \in [x, x+h]$, tal que

$$\int_x^{x+h} f(t)dt = f(c)(x+h-x) = f(c)h$$

Logo,

$$F'(x) = \lim_{h\to 0} f(c) = f(x)$$

pois, quando $h \to 0$, como $c \in [x, x+h]$, podemos concluir que $c \to x$ e f sendo contínua implica que $f(c) \to f(x)$.

Essa proposição dá um método para calcular a derivada de funções definidas por integrais sem que seja necessário o cálculo da integral.

Exemplo. Se $F(x) = \int_0^x \cos^2 t\, dt$ então $F'(x) = \cos^2 x$.

Teorema Fundamental do Cálculo

Para calcular uma integral definida, usando a definição 7.2.4 ou a definição mais geral 7.2.5, devemos calcular um limite que, em geral, não é muito simples. O teorema seguinte permite contornar esta dificuldade, além de estabelecer uma relação entre os conceitos de integral indefinida e integral definida. Devido à sua importância, é frequentemente tratado como *Teorema Fundamental do Cálculo Integral:*

Teorema 26. *Seja $y = f(x)$ uma função contínua no intervalo $[a, b]$ e seja $F(x)$ uma integral indefinida de $f(x)$, então*

$$\int_a^b f(x)dx = F(b) - F(a) = F(x)]_a^b$$

Demonstração: Da proposição anterior segue que se $G(x) = \int_a^x f(t)dt$ então $G' = f(x)$. Por outro lado, da definição de $\int f(x)dx$ temos que $\int f(x)dx = F(x) \Leftrightarrow F' = f(x)$. Logo,

7 Integral

$G' = F' \Rightarrow G(x) = F(x) + R$ e como $G(a) = 0 \Rightarrow R = -F(a)$. Portanto, $G(b) = \int_a^b f(t)dt = F(b) + R = F(b) - F(a)$

Esse teorema, cuja demonstração omitiremos, permite calcular a integral definida de uma função $f(x)$ (ou área da região limitada por $f(x)$) a partir da integral indefinida de $f(x)$:

$$\int f(x)dx = F(x).$$

Exemplos.

1) Calcular a integral definida $\int_1^3 x^2 dx$.

Solução: Determinamos inicialmente a integral indefinida

$$\int x^2 dx = \frac{x^3}{3} + C$$

e aplicamos o Teorema Fundamental do Cálculo:

$$\int_1^3 x^2 dx = \left. \frac{x^3}{3} + C \right]_1^3 = F(3) - F(1)$$

$$= \left(\frac{3^3}{3} + C \right) - \left(\frac{1^3}{3} + C \right) = 9 - \frac{1}{3} = \frac{26}{3}$$

2) Calcular a área de A_a^b para $y = x^2$ no intervalo $[a, b]$.

Solução: Como $y \geqslant 0$ em $[a, b]$, segue que área de $A_a^b = \int_a^b x^2 dx = F(b) - F(a) = \frac{1}{3}\left(b^3 - a^3 \right)$.

3) Calcule o limite

$$L = \lim_{n \to +\infty} \frac{\sqrt{1} + \sqrt{2} + \sqrt{3} + \ldots + \sqrt{n}}{\sqrt{n^3}}$$

7 Integral

Solução: Tomando $f(x) = \sqrt{x}$, $x \in [0,1]$ e usando a definição 7.2.4, obtemos

$$\int_0^1 \sqrt{x}dx = \lim_{n \to +\infty} \left[f(\frac{1}{n}) + f(\frac{2}{n}) + \ldots + f(\frac{n-1}{n}) + f(\frac{n}{n}) \right] \Delta x$$

$$= \lim_{n \to +\infty} \left[\sqrt{\frac{1}{n}} + \sqrt{\frac{2}{n}} + \ldots + \sqrt{\frac{n-1}{n}} + \sqrt{\frac{n}{n}} \right] \cdot \frac{1}{n}$$

$$= \lim_{n \to +\infty} \left[\frac{\sqrt{1} + \sqrt{2} + \sqrt{3} + \ldots + \sqrt{n}}{n\sqrt{n}} \right]$$

De modo que

$$L = \int_0^1 \sqrt{x}dx = \frac{2}{3}x^{\frac{3}{2}} \Big]_0^1 = \frac{2}{3}$$

4) Calcule a área de A_0^4 quando $f(x) = x^3 - 4x$.

Solução: Temos que $f(x) = x(x^2 - 4) = x(x - 2)(x + 2) \Longrightarrow$

$$f(x) < 0 \Longleftrightarrow \begin{cases} x > 0 \text{ e } (x^2 - 4) < 0 \Longrightarrow x > 0 \text{ e } -2 < x < 2 \Longleftrightarrow 0 < x < 2 \\[2ex] x < 0 \text{ e } (x^2 - 4) > 0 \Longrightarrow x < 0 \text{ e } \begin{cases} x < -2 \\ \text{ou} \\ x > 2 \end{cases} \Longleftrightarrow x < -2 \end{cases}$$

Logo, para $x \in [0,4]$, tem-se $\begin{cases} f(x) \leqslant 0 \text{ se } 0 \leqslant x < 2 \\ f(x) > 0 \text{ se } 2 < x \leqslant 4 \end{cases} \Longrightarrow$

$$A_0^4 = -\int_0^2 \left(x^3 - 4x\right)dx + \int_2^4 \left(x^3 - 4x\right)dx$$

$$= -\left(\frac{x^4}{4} - 2x^2\right) \Big]_0^2 + \left(\frac{x^4}{4} - 2x^2\right) \Big]_2^4 = -[(4-8) - 0] + [(64-32) - (4-8)] = 40$$

8 Aplicações da Integral Definida

Corixo do Amazonas (foto do autor)

"Eu penso que seria uma aproximação relativamente boa da verdade dizer que as ideias matemáticas têm a sua origem em situações empíricas, mas são posteriormente governadas por motivações estéticas..."

J. Von Newmann

8 Aplicações da Integral Definida

Vimos no capítulo anterior que a integral definida pode ser aplicada para o cálculo da área de A_a^b, limitada pelo gráfico de f e pelas retas $x = a, x = b$ e $y = 0$. Nesta seção, vamos usar a integral definida para calcular a área da figura limitada por duas curvas, volumes de revolução e comprimento de curvas.

8.1 Área entre duas curvas

Sejam f e g funções contínuas em $[a, b]$ e tais que $f(x) \geqslant g(x)$ para todo $x \in [a, b]$.

a) Se $f(x) \geqslant g(x) \geqslant 0$, então, área de $A_a^b(f) = \int_a^b f(x)dx$ e área de $A_a^b(g) = \int_a^b g(x)dx$, temos que área de $A_a^b(f) \geqslant$ área de $A_a^b(g)$.

A área entre as curvas será dada por

área da região entre as curvas $A_a^b(f, g) =$ área de $A_a^b(f) -$ área de $A_a^b(g) = \int_a^b [f(x) - g(x)]dx$

(b) Se $g(x) \leqslant f(x) \leqq 0$, temos $-g(x) \geqslant -f(x) \geqslant 0 \Longrightarrow$

área da região entre as curvas $A_a^b(f, g) =$ área de $A_a^b(-g) -$ área de $A_a^b(-f)$

$$= -\int_a^b [g(x) - f(x)]dx = \int_a^b [f(x) - g(x)]dx$$

De (a) e (b), podemos concluir que se $f(x) \geqslant g(x)$, então

$$\text{área da região entre as curvas } A_a^b(f, g) = \int_a^b [f(x) - g(x)]dx$$

Exemplo. 1) Calcular a área limitada pelas curvas $g(x) = 1$ e $f(x) = senx$, no intervalo $[0, \pi]$.(Fig. 7.1)

Solução: Temos que $senx \leqslant 1$ para todo x. Logo, a área procurada é dada por:

$$\int_0^\pi [1 - senx]dx = x + \cos x]_0^\pi = (\pi - 1) - (0 + 1) = \pi - 2$$

8 Aplicações da Integral Definida

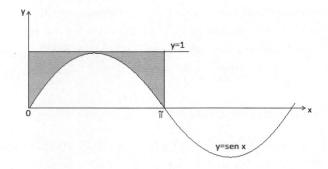

Fig.7.1 - Área da região limitada pelas curvas f e g.

2) Determinar a área limitada pelas curvas $g(x) = x^2$ e $f(x) = x$.

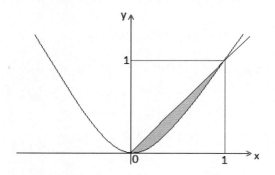

Fig.7.2 - As curvas limitam uma região no intervalo $[0,1]$

Solução: Temos que $x^2 = x \iff \begin{cases} x = 0 \\ x = 1 \end{cases}$ então, a região A_0^1 limitada pelas curvas está definida no intervalo $[0,1]$ onde $x \geqslant x^2$. Logo,

$$\text{área de } A_0^1(f,g) = \int_0^1 \left[x - x^2\right] dx = \left.\frac{x^2}{2} - \frac{x^3}{3}\right]_0^1 = \frac{1}{2} - \frac{1}{3} = \frac{1}{6}$$

8 Aplicações da Integral Definida

Área de curvas dadas na forma paramétrica

Considere uma curva dada na forma paramétrica

$$\begin{cases} x = \varphi(t) \\ y = \psi(t) \end{cases} \quad \text{com } t \in [\alpha, \beta] \tag{8.1.1}$$

Sejam $a = \varphi(\alpha)$ e $b = \psi(\beta)$. Suponhamos que a equação 8.1.1 define uma função $y = f(x)$ com $x \in [a, b]$. Então, a área da região limitada pela curva 8.1.1 é dada por

$$A = \int_a^b f(x)dx = \int_a^b y\,dx = \int_\alpha^\beta \psi(t)\varphi'(t)dt \tag{8.1.2}$$

uma vez que $y = f(x) = f(\varphi(t)) = \psi(t)$ e $dx = \varphi'(t)dt$.

Exemplo. Determinar a área limitada pela curva

$$\begin{cases} x = \varphi(t) = a(1 - sen\,t) \\ y = \psi(t) = a(1 - \cos t) \end{cases} \quad \text{com } t \in [0, 2\pi] \tag{8.1.3}$$

Solução: Aplicando a fórmula 8.1.2, temos

$$A = \int_0^{2\pi} a(1 - \cos t)(-a\cos t)\,dt = a^2\left[-\int_0^{2\pi} \cos t\,dt + \int_0^{2\pi} \cos^2 t\,dt\right] \tag{8.1.4}$$

Cálculo de $\int_0^{2\pi} \cos t\,dt = sen\,t]_0^{2\pi} = sen\,2\pi - sen\,0 = 0$.

Cálculo de $\int_0^{2\pi} \cos^2 t\,dt$:

Temos que $\cos^2 t + sen^2 t = 1$ e $\cos 2t = \cos^2 t - sen^2 t \implies 2\cos^2 t = 1 + \cos 2t$

$$\int_0^{2\pi} \cos^2 t\,dt = \frac{1}{2}\int_0^{2\pi} [1 + \cos 2t]\,dt = \frac{1}{2}2\pi + \frac{1}{2}\int_0^{2\pi} \cos 2t\,dt$$

Agora, como $\frac{d}{dt}sen\,2t = 2\cos 2t \implies \int \cos 2t\,dt = \frac{1}{2}\int\left[\frac{d}{dt}sen\,2t\right]dt = \frac{1}{2}sen\,2t$.

Portanto

$$\frac{1}{2}\int_0^{2\pi} \cos 2t\,dt = \frac{1}{2}\left[\frac{1}{2}sen\,2t\right]_0^{2\pi} = 0$$

Então,

$$A = \pi a^2$$

Observamos que a curva 8.1.3 é uma circunferência de centro no ponto $(1, 1)$ e raio

8 Aplicações da Integral Definida

$R = a$.

8.2 Volumes

Consideremos um sólido limitado por dois planos paralelos, perpendiculares ao eixo-x. Sejam a e b os pontos em que tais planos cortam o eixo-x (figura 7.3).

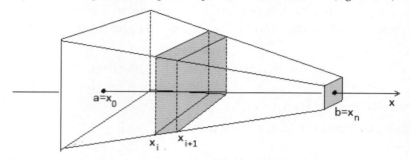

Fig.7.3 - Sólido "fatiado"

Vamos dividir o intervalo $[a, b]$ em n partes iguais, com os pontos $a = x_0, x_1, x_2, ..., x_{n-1}$, $x_n = b$ e $\Delta x = x_i - x_{i-1}$.

Se $A(x)$ representa a área da secção do sólido por um plano perpendicular ao eixo-x, podemos considerar:
$$\begin{cases} A_i^+ : \text{máximo de } A(x) \\ A_i^- : \text{mínimo de } A(x) \end{cases} \text{quando } x \in [x_{i-1}, x_i].$$
De modo que o volume $\Delta_i V$ da parte do sólido compreendida entre os planos $x = x_{i-1}$ e $x = x_i$ satisfaz a desigualdade:

$$A_i^- \Delta x \leqslant \Delta_i V \leqslant A_i^+ \Delta x$$

Consequentemente, existe um ponto $c_i \in [x_{i-1}, x_i]$, tal que

$$\Delta_i V = A(c_i) \Delta x$$

Como o sólido todo é a união das "fatias" determinadas pelos planos $x = x_i$, $1 \leqslant i \leqslant n-1$, temos

$$V = \sum_{i=1}^{n} \Delta_i V = \sum_{i=1}^{n} A(c_i) \Delta x = \int_a^b A(x) dx$$

8 Aplicações da Integral Definida

Assim, conhecida a área $A(x)$ de cada secção do sólido pelo plano perpendicular ao eixo-x, o seu volume é dado por

$$V = \int_a^b A(x)dx \qquad (8.2.1)$$

Exemplo. Determinar o volume de uma esfera de raio R.

Solução: Podemos pensar no volume de metade da esfera, considerando x no intervalo $[0, R]$. Cada plano perpendicular ao eixo-x, num ponto genérico x, intersecciona a esfera num círculo de raio $r = \sqrt{R^2 - x^2}$, cuja área é

$$A(x) = \pi r^2 = \pi \left(R^2 - x^2 \right).$$

Então, o volume da esfera será

$$V = 2\pi \int_0^R \left(R^2 - x^2 \right) dx$$

$$= 2\pi \left[R^2 x - \frac{x^3}{3} \right]_0^R = 2\pi \left(R^3 - \frac{R^3}{3} \right) = \frac{4}{3}\pi R^3$$

Volume de revolução

Sólidos de revolução são aqueles obtidos pela rotação de uma superfície plana em torno de um eixo. Vamos utilizar a integral definida para determinar o volume desses sólidos.

Seja $y = f(x)$, $x \in [a, b]$, uma função contínua e positiva em $[a, b]$. Consideremos a região A_a^b definida pelas retas $x = a; x = b$, pelo eixo-x e pelo gráfico de $f(x)$. Obtemos um sólido de revolução se girarmos a região A_a^b em torno do próprio eixo-x (figura 7.4):

8 Aplicações da Integral Definida

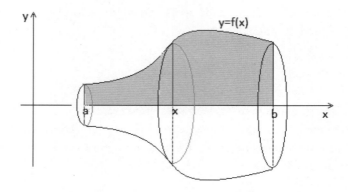

Fig.7.4 - Sólido de revolução da região A_a^b

Nesse caso, a área de cada secção plana é dada por

$$A(x) = \pi y^2 = \pi [f(x)]^2$$

e o volume do sólido será:

$$V = \pi \int_a^b [f(x)]^2 \, dx \tag{8.2.2}$$

Exemplo. (a) Calcular o volume do sólido de revolução, obtido quando se gira a região A_0^π determinada pela função $y = senx$ e pelas retas $y = 0; x = 0$ e $x = \pi$.

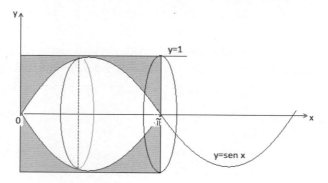

Fig.7.5 - Sólidos de revolução formados pela função $senx$

Solução: Temos que $A(x) = \pi sen^2 x$

$$V = \pi \int_0^\pi sen^2 x \, dx$$

8 Aplicações da Integral Definida

Como já vimos anteriormente: $sen^2 x = \frac{1}{2} - \frac{1}{2}\cos 2x$, logo

$$V = \pi \int_0^\pi \left[\frac{1}{2} - \frac{1}{2}\cos 2x\right] dx = \pi \left[\frac{1}{2}x - \frac{1}{4}senx\right]_0^\pi = \frac{\pi^2}{2}$$

(b) Determinar o volume do cilindro oco que envolve o sólido de revolução anterior.

Solução: O cilindro em questão pode ser considerado como o sólido de revolução, obtido com a função constante $y = f(x) = 1$ no intervalo $[0, \pi]$. Assim, o volume desse cilindro será:

$$V_C = \pi \int_0^\pi 1.dx = \pi [x]_0^\pi = \pi^2$$

Portanto, o volume do "cilindro oco" será $V = V_C - \frac{\pi^2}{2} = \frac{\pi^2}{2}$, ou seja, o volume do "buraco" é igual ao volume da "casca" deste cilindro oco.

Exemplo. Determine o volume de um sólido cujas secções por planos perpendiculares ao eixo-x são círculos de diâmetros compreendidos entre as curvas $y = x^2$ e $y = 8 - x^2$.

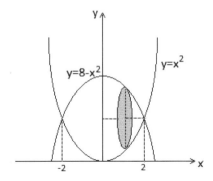

Fig.7.6 - Sólido determinado pelas parábolas

Solução: As parábolas se interseccionam nos pontos onde $8 - x^2 = x^2 \iff x^2 = 4 \iff x = 2$ ou $x = -2$.

O diâmetro de cada círculo, no ponto x, compreendido entre as curvas é $d = x^2 - (8 - x^2) = 2x^2 - 8 \implies A(x) = \pi \left(\frac{2x^2-8}{2}\right)^2 = \pi \left(x^2 - 4\right)^2$. Então,

$$V = \pi \int_{-2}^{2} \left(x^2 - 4\right)^2 dx$$

8 Aplicações da Integral Definida

Temos que $\int (x^2-4)^2 dx = \int (x^4 - 8x^2 + 16)dx = \left[\frac{1}{5}x^5 - \frac{8}{3}x^3 + 16x\right]$. Então,

$$V = \pi \left[\frac{1}{5}x^5 - \frac{8}{3}x^3 + 16x\right]_{-2}^{2} = 2\pi \left[\frac{1}{5}x^5 - \frac{8}{3}x^3 + 16x\right]_{0}^{2} \approx 107,23 u_a$$

Método dos invólucros cilíndricos

O método anterior é usado para calcular volume de sólidos obtidos com a rotação da região A_a^b em torno do **eixo-x**. Agora, vamos calcular o volume de sólidos de revolução obtidos quando giramos A_a^b em torno do **eixo-y**. O processo utilizado é denominado *invólucro cilíndrico*. A situação pode ser representada pela figura 7.7:

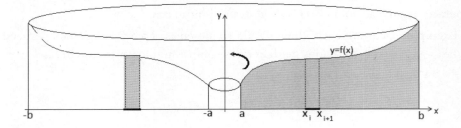

Fig.7.7 - Cálculo do volume de sólidos pelo método dos invólucros cilíndricos

Consideremos uma função $y = f(x)$ contínua e positiva em $[a,b]$. Vamos considerar uma partição de $[a,b]$ em n partes iguais, determinadas pelos pontos

$$a = x_0 < x_1 < x_2 < ,..., < x_{n-1} < x_n = b \quad \text{e} \quad \Delta x = x_i - x_{i-1} = \frac{b-a}{n}$$

Quando giramos $A_{x_{i-1}}^{x_i}$ em torno do eixo-y, o volume V_i do sólido obtido é o volume um "cilindro oco", isto é,

$$V_i = f(c_i)\left\{\left[\pi x_i^2\right] - \left[\pi x_{i-1}^2\right]\right\} = \pi f(c_i)\left[(x_i - x_{i-1})(x_i + x_{i-1})\right]$$

para algum ponto $c_i \in [x_{i-1}, x_i]$. Logo,

$$V = \lim_{n \to \infty} \sum_{i=1}^{n} V_i = 2\pi \lim_{n \to \infty} \sum_{i=1}^{n} f(c_i) c_i \Delta x$$

8 Aplicações da Integral Definida

Aplicando a definição de integral definida, vem

$$V = 2\pi \int_a^b x f(x) dx \qquad (8.2.3)$$

Exemplo. Um círculo de centro no ponto $(a, 0)$ e raio $r < a$, girando em torno do eixo-y, produz um sólido denominado **toro**. Determine o seu volume.

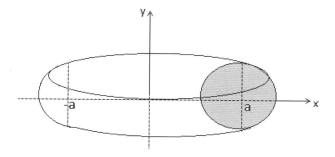

Fig.7.8 - Toro formado pela rotação de um círculo

Solução: A equação da circunferência que delimita o círculo é dada por

$$(x-a)^2 + y^2 = r^2$$

O semicírculo superior é determinado pelo gráfico da função

$$y = +\sqrt{r^2 - (x-a)^2}$$

Usando a fórmula dada em 8.2.3, temos

$$\frac{1}{2} V = 2\pi \int_{a-r}^{a+r} x \sqrt{r^2 - (x-a)^2} dx$$

Para calcular a integral, consideramos a mudança e variáveis $u = x - a \Longrightarrow du = dx$. Logo,

$$V = 4\pi \int_{-r}^{r} (u+a) \sqrt{r^2 - u^2} dx = 4\pi \left[\int_{-r}^{r} a\sqrt{r^2 - u^2} dx + \int_{-r}^{r} u\sqrt{r^2 - u^2} dx \right]$$

8 Aplicações da Integral Definida

Temos:

$$\int_{-r}^{r} a\sqrt{r^2 - u^2}\,dx = a\int_{-r}^{r} \sqrt{r^2 - u^2}\,dx = a\left[\frac{\pi r^2}{2}\right] = a\,[\text{área de um semicírculo de raio } r]$$

$$\int_{-r}^{r} u\sqrt{r^2 - u^2}\,dx = -\frac{1}{2}\cdot\frac{2}{3}\left[r^2 - u^2\right]^{\frac{2}{3}}\bigg|_{-r}^{r} = 0 \quad \text{(Faça os cálculos)}$$

Portanto,

$$V = 4\pi a\frac{\pi r^2}{2} = 2a\pi^2 r^2$$

Exemplo. O círculo $x^2 + y^2 \leq r^2$, girando em torno dos eixos coordenados dá origem a uma esfera de raio r e centro na origem. Pelo centro dessa esfera, faz-se um buraco cilíndrico de raio $\frac{r}{2}$. Calcular o volume do sólido restante.

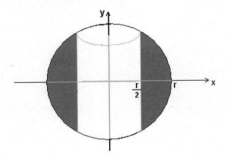

Fig.7.9 - Esfera com um buraco central

Solução: Metade do sólido em questão pode ser obtido pela rotação em torno do eixo-y, da região $A^r_{\frac{r}{2}}$ determinada pela curva $y = \sqrt{r^2 - x^2}$ no intervalo $\left[\frac{r}{2}, r\right]$. Logo,

$$\frac{1}{2}V = 2\pi \int_{\frac{r}{2}}^{r} x\sqrt{r^2 - x^2}\,dx$$

Portanto,

$$V = 4\pi\left[-\frac{1}{2}\frac{2}{3}\left(r^2 - x^2\right)^{\frac{3}{2}}\right]_{\frac{r}{2}}^{r} = \frac{4\pi}{3}\left[\left(r^2 - \frac{r^2}{4}\right)^{\frac{3}{2}}\right] = \frac{\sqrt{3}}{2}\pi r^3$$

Exercício. Seja $f(x) = kx$, $x \in [0, a]$. Determine o valor da constante R de modo que os volumes dos sólidos obtidos pela revolução da região limitada pelo gráfico de f, pelo eixo-x e pela reta $x = a$, sejam iguais.

- em torno do eixo-x
- em torno do eixo-y

8.3 Comprimento de arco

Arco ou trajetória é o lugar geométrico dos pontos do plano que satisfazem às equações paramétricas:

$$\begin{cases} x = x(t) \\ y = y(t) \end{cases} \quad a \leqslant t \leqslant b.$$

onde $x(t)$ e $y(t)$ são supostas funções contínuas em $[a,b]$

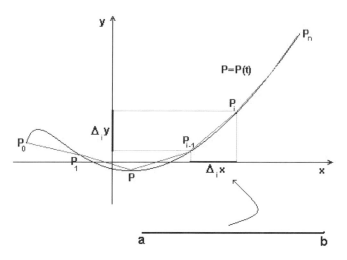

Fig.7.10 - Arco ou trajetória no plano

O arco é **regular** se as derivadas $\frac{dx}{dt}$ e $\frac{dy}{dt}$ são funções contínuas em (a,b). O arco é **simples** se $t_1 \neq t_2$ implica $(x(t_1), y(t_1)) \neq (x(t_2), y(t_2))$, isto é, ele não se intersecciona. Vamos encontrar uma fórmula para calcular o comprimento de um arco:

Consideremos mais uma vez uma partição do intervalo $[a,b]$: $a = t_0 < t_1 < t_2 <,...,< t_{n-1} < t_n = b$ e $\Delta t = t_i - t_{i-1} = \frac{b-a}{n}$. Sejam os pontos $P_0, P_1, P_2, ..., P_{n-1}, P_n$ correspondentes sobre a curva, de modo que $P_i = (x(t_i), y(t_1))$, e sejam $\Delta_i x = (x(t_i) - x(t_{i-1}))$ e $\Delta_i y = (y(t_i) - y(t_{i-1}))$. Veja figura 7.10.

8 Aplicações da Integral Definida

O comprimento de cada segmento de reta $\overline{P_{i-1}P_i}$ que liga os pontos P_{i-1} e P_i é dado por

$$\left|\overline{P_{i-1}P_i}\right| = \sqrt{(\Delta_i x)^2 + (\Delta_i y)^2}$$

de modo que o comprimento da poligonal que liga os pontos $P_0, P_1, P_2, ..., P_{n-1}, P_n$ é

$$\sum_{i=1}^{n} \sqrt{(\Delta_i x)^2 + (\Delta_i y)^2}$$

Dizemos que o arco $C : \begin{cases} x = x(t) \\ y = y(t) \end{cases}$ $a \leqslant t \leqslant b$ é **retificável** e seu comprimento é denotado por $L_{a,b}(C)$ se existir o limite

$$L_{a,b}(C) = \lim_{n \to \infty} \sum_{i=1}^{n} \sqrt{(\Delta_i x)^2 + (\Delta_i y)^2}$$

Teorema 27. *Se o arco* $C : \begin{cases} x = x(t) \\ y = y(t) \end{cases}$ *,* $a \leqslant t \leqslant b$, *é regular então ele é retificável e*

$$L_{a,b}(C) = \int_a^b \sqrt{(x'(t))^2 + (y'(t))^2}\, dt$$

Demonstração: Como $x(t)$ e $y(t)$ são funções contínuas e $[a,b]$ com derivadas contínuas em (a,b), podemos aplicar o Teorema da Média em cada intervalo $[t_{i-1}, t_i]$, obtendo

$$\Delta_i x = x'(c_i)\Delta_i t \quad \text{e} \quad \Delta_i y = y'(d_i)\Delta_i t$$

Portanto,

$$\sum_{i=1}^{n} \sqrt{(\Delta_i x)^2 + (\Delta_i y)^2} = \sum_{i=1}^{n} \sqrt{(x'(c_i))^2 + (y'(d_i))^2}\,\Delta_i t$$

e

$$\lim_{n \to \infty} \sum_{i=1}^{n} \sqrt{(\Delta_i x)^2 + (\Delta_i y)^2} = \lim_{n \to \infty} \sum_{i=1}^{n} \sqrt{(x'(c_i))^2 + (y'(d_i))^2}\,\Delta_i t \Longrightarrow$$

$$L_{a,b}(C) = \int_a^b \sqrt{(x'(t))^2 + (y'(t))^2}\, dt \tag{8.3.1}$$

8 Aplicações da Integral Definida

Obs.: Se o arco for dado por uma função $y = f(x)$ derivável em (a, b), podemos determinar o comprimento da curva definida por f, escrevendo-a na forma paramétrica $\begin{cases} x = t \\ y = f(t) \end{cases}$ com $t \in [a, b]$, e usando a definição 8.3.1. Dessa forma, teremos que o comprimento da curva será dado por

$$s_{a,b}(f) = \int_a^b \sqrt{(x'(t))^2 + (y'(t))^2}\, dt = \int_a^b \sqrt{1 + (f'(t))^2}\, dt \qquad (8.3.2)$$

Exemplos. 1) Determine o comprimento de uma semicircunferência de raio r.

Solução: As equações paramétricas da semicircunferência são

$$\begin{cases} x = r\cos t \\ y = rsent \end{cases} \text{com } t \in [0, \pi].$$

Aplicando a fórmula 8.3.1, temos

$$L_{0,\pi} = \int_0^\pi \sqrt{(-rsent)^2 + (r\cos t)^2}\, dt = r\int_0^\pi \sqrt{sen^2 t + \cos^2 t}\, dt = \pi r$$

2) Determine o comprimento da curva $y = f(x) = \sqrt[3]{x^2}$ para $x \in [-1, 8]$.

Solução: Como f não é diferenciável no ponto $x = 0$ e $0 \in [-1, 8]$, consideramos a curva definida em dois pedaços de $[-1, 8]$, isto é, $[-1, 0]$ e $[0, 8]$. Agora temos que f é derivável em $(-1, 0)$ e em $(0, 8)$ e seu comprimento será a soma dos comprimentos em cada intervalo.

Temos: $C_1 : \begin{cases} x(t) = 1 \\ y(t) = \sqrt[3]{x^2} \end{cases}$ para $t \in [-1, 0)$ e $C_2 : \begin{cases} x(t) = 1 \\ y(t) = \sqrt[3]{x^2} \end{cases}$ para $t \in (0, 8]$.

$$L_{-1,8}(f) = L_{-1,0}(f) + L_{0,8}(f)$$

ou seja,

$$L_{-1,8}(f) = \int_{-1}^0 \sqrt{1 + \left(\frac{2}{3}x^{-\frac{1}{3}}\right)^2} + \int_{-1}^0 \sqrt{1 + \left(\frac{2}{3}x^{-\frac{1}{3}}\right)^2} = \int_{-1}^0 \sqrt{1 + \frac{4}{9}x^{-\frac{2}{3}}}$$

A integral resultante é complicada para se calcular e por isso vamos resolver usando um método diferente.

Vamos mudar a forma de considerar a parametrização da curva definida por f:

8 Aplicações da Integral Definida

$$\begin{cases} x = -y^{\frac{3}{2}}, \ 0 \leqslant y \leqslant 1 \Longrightarrow \frac{dx}{dy} = -\frac{3}{2}y^{\frac{1}{2}} \\ x = y^{\frac{3}{2}}, \ 0 \leqslant y \leqslant 4 \Longrightarrow \frac{dx}{dy} = \frac{3}{2}y^{\frac{1}{2}} \end{cases} \Longrightarrow$$

$$\begin{aligned} L_{-1,8}(f) &= \int_0^1 \sqrt{1+\left(\frac{dx}{dy}\right)^2}\,dy + \int_0^{14}\sqrt{1+\left(\frac{dx}{dy}\right)^2}\,dy \\ &= \int_0^1 \sqrt{1+\frac{9}{4}y}\,dy + \int_0^4 \sqrt{1+\frac{9}{4}y}\,dy \\ &= \frac{8}{27}\left\{\left[\left(1+\frac{9}{4}y\right)^{\frac{3}{2}}\right]_0^1 + \left[\left(1+\frac{9}{4}y\right)^{\frac{3}{2}}\right]_0^4\right\} \\ &= \frac{1}{27}\left(13\sqrt{13} + 30\sqrt{10} - 16\right) \approx 4,657 \end{aligned}$$

8.4 Área de superfície

Seja A_a^b a região do plano determinada pelas retas $y = 0, x = a$ e $x = b$ e por uma função $y = f(x)$ positiva e contínua em $[a,b]$ e diferenciável em (a,b); vamos determinar a área da superfície do sólido gerado pela rotação de A_a^b em torno do eixo-x:

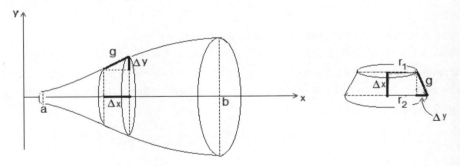

Fig.7.11 - Área de revolução

Sejam x e $x + \Delta x$ dois pontos consecutivos de uma partição do intervalo $[a,b]$, com $\Delta x = \frac{b-a}{n}$. A área da parte da superfície compreendida entre esses dois pontos é, aproximadamente, igual a área A_T do tronco de cone de altura Δx e raios das partes planas $r_1 = f(x)$ e $r_2 = f(x + \Delta x)$.

A área de um tronco de cone é dada por:

$$A_T = \pi(r_1 + r_2)|g|$$

8 Aplicações da Integral Definida

onde g é a geratriz, isto é, $|g|$ é o comprimento do segmento de reta que liga os pontos $(x, f(x))$ e $(x + \Delta x, f(x + \Delta x)) \Longrightarrow |g| = \sqrt{\Delta^2 x + \Delta^2 y}$.

Logo,

$$A_T = \pi \left[f(x) + f(x + \Delta x) \right] \sqrt{\Delta^2 x + \Delta^2 y}$$

Então, a área lateral do sólido será:

$$A = \lim_{n \to \infty} \sum_{i=1}^{n} \pi \left[f(x_i) + f(x_i + \Delta x) \right] \sqrt{\Delta^2 x + \Delta_i^2 y}$$

ou seja,

$$A = 2\pi \int_a^b f(x) \sqrt{1 + \left(\frac{dy}{dx} \right)^2} \, dx \qquad (8.4.1)$$

Exemplos. 1) A semicircunferência $y = \sqrt{1 - x^2}$, girando em torno do eixo-x, dá origem à superfície da esfera de raio 1. Vamos determinar sua área lateral.

Solução: Temos que

$$\frac{dy}{dx} = \frac{-x}{\sqrt{1 - x^2}} \Longrightarrow \left(\frac{dy}{dx} \right)^2 = \frac{x^2}{1 - x^2}$$

Aplicando esses valores em 8.4.1, vem

$$A = \pi \int_{-1}^{1} 2\sqrt{1 - x^2} \sqrt{1 + \frac{x^2}{1 - x^2}} \, dx = 2\pi \int_{-1}^{1} dx = 2\pi x \big]_{-1}^{1} = 4\pi$$

2) Calcular a área da superfície gerada pela rotação da curva $y = x^3$, $x \in [0, 1]$, em torno do eixo-x.

Solução: Aplicando a fórmula 8.4.1, vem

$$A = 2\pi \int_0^1 x^3 \sqrt{1 + (3x^2)^2} \, dx = 2\pi \int_0^1 x^3 \sqrt{1 + 9x^4} \, dx$$

Para resolver a integral consideramos a mudança de variáveis $u = 1 + 9x^4 \Longrightarrow du = 36x^3 dx$

$$A = \frac{2\pi}{36} \int_1^{10} \sqrt{u} \, du = \frac{2\pi}{36} \left[\frac{2}{3} u^{\frac{3}{2}} \right]_1^{10} = \frac{\pi}{27} \left[10^{\frac{3}{2}} - 1 \right] \approx 3,56 \text{ unidade de área.}$$

8 Aplicações da Integral Definida

Exercícios.

1) Determine a área da figura limitada pelas curvas:
a) $y^2 = 4x$ e $y = 2x$;
b) $y^2 = ax$ e $y = a$;
c) $y = x^2 - 4$ e $y = 4 - x^2$.

2) Encontre a área da figura limitada pela hipocicloide

$$x^{\frac{2}{3}} + y^{\frac{2}{3}} = a^{\frac{2}{3}}$$

Resposta: $\frac{3}{8}\pi a^2$.

3) Encontre a área total da região determinada pelas curvas

$$y = x^3; y = 2x \text{ e } y = x$$

Resposta: $\frac{3}{2}$.

4) Calcule a área da região limitada pela elípse

$$\begin{cases} x = a\cos t \\ y = b \operatorname{sen} t \end{cases}$$

5) Mostre que a área limitada pelas curvas $y^2 = x - 1$ e $y = x - 3$ é a mesma que a limitada por $y^2 = x - 1$ e $y = 3 - x$.

Faça um gráfico do problema.

Exercícios.

1) Calcular a distância percorrida por um móvel que se desloca com uma velocidade dada por $v = \frac{1}{2}t^2 - t + 1$, com t variando de 0 a 3.

2) A aceleração de um móvel é constante $a = -1$. Determine sua velocidade, sabendo-se que o espaço percorrido é igual a 7 quando t varia de 0 a 1.

3) A velocidade de um móvel é $v = t\sqrt{t}$. Determine o instante t_0 de modo que o espaço percorrido pelo móvel seja maior que $\frac{2}{5}$ quando t varia de 0 a t_0.

8 Aplicações da Integral Definida

Exercícios.

1) Encontre os volumes dos sólidos gerados pela rotação da região limitada pelas retas $y = x; x = a$ e $y = 0$.

a) em torno do eixo-x;

b) em torno do eixo-y.

2) Encontre o volume do sólido obtido quando a região limitada pelas curvas

a) $y = \sqrt{x}$; $y = 0$ e a reta $x = 2$ gira em torno do eixo-x;

b) $y = x + 2$ e $y = x^2$ gira em torno do eixo-x;

c) $y = \sqrt{x}$; $y = 0$ e a reta $x = 2$

d) $y = x^3$; $y = 0$ e a reta $x = 1$ gira em torno $\begin{cases} \text{do eixo} - x \\ \text{do eixo} - y \\ \text{da reta } y = 1 \end{cases}$

3) Encontre o volume do toro obtido pela rotação em torno do eixo-x do círculo $x^2 + (y - 3)^2 \leqslant 4$.

Exercícios.

1) Determine o comprimento do arco da parábola semicúbica $ay^2 = x^3$, com $x \in [0, 5a]$.

Resposta: $\frac{335}{27}a$.

2) Determine o comprimento do astroide

$$\begin{cases} x = \cos^3 t \\ y = sen^3 t \end{cases}$$

3) Determine o perímetro da curcunferência $(x - 2)^2 + (y - 2)^2 = 4$.

4) Calcule o comprimento dos seguintes arcos:

a) $y = \frac{1}{6}x^3 + \frac{1}{2x}$ com $1 \leqslant x \leqslant 3$;

b) $y = x^{\frac{3}{2}}$ com $1 \leqslant x \leqslant 4$;

c) $y = x^2$ com $-1 \leqslant x \leqslant 3$;

d) $\begin{cases} x = \frac{1}{3}t^2 \\ y = \frac{1}{2}t^2 \end{cases}$ com $1 \leqslant t \leqslant 3$;

e) $\begin{cases} x = e^{-t}\cos t \\ y = e^{-t}sent \end{cases}$ com $0 \leqslant t \leqslant \frac{\pi}{2}$.

8 Aplicações da Integral Definida

Exercícios.

1) Encontre a área da superfície que se obtém girando a curva dada, em torno do eixo-x:

a) $y = a$ com $0 \leqslant x \leqslant h$ (cilindro de raio a e altura h);

b) $y = \frac{1}{6}x^3 + \frac{1}{2x}$ com $1 \leqslant x \leqslant 2$;

c) $y^2 = 6x$ com $0 \leqslant x \leqslant 6$;

d) $x = \frac{1}{3}\sqrt[3]{y}$ com $1 \leqslant y \leqslant \sqrt[3]{2}$.

9 Introdução à Modelagem Matemática

Igreja Sagrada Família (Barcelona) (foto do autor)

O Cálculo Diferencial e Integral constitui o conteúdo básico necessário para a formulação de "modelos" que procuram traduzir ou interpretar fenômenos da realidade com o auxílio da matemática. Esse processo é denominado *Modelagem Matemática*. Veremos neste capítulo alguns exemplos.

9 Introdução à Modelagem Matemática

9.1 A população brasileira e a frota de carros

O objetivo principal deste estudo é relacionar o crescimento populacional do Brasil com sua frota de carros [1].

A variação de uma população se dá por vários fatores, mas se resume ao nascimento e emigração para seu crescimento, mortalidade e imigração para seu decréscimo. Assim, a *variação populacional simples* é o número de habitantes no instante menos o número de habitantes no instante t_i:

$$\Delta P = P(t_{i+1}) - P(t_i)$$

A *taxa de crescimento* ou crescimento relativo é dada por:

$$\alpha = \frac{P(t_{i+1}) - P(t_i)}{P(t_i)}$$

Crescimento natural é a diferença entre o número de nascidos e óbitos em um dado período.

Taxa migratória é a diferença entre o número de habitantes que entram e saem de um território.

Para podermos relacionar o número de habitantes com a frota de carros e fazer alguma previsão futura, devemos saber como a população e o número de carros estão crescendo ao longo do tempo. As coletas de dados são essenciais na modelagem, pois permitem estabelecer as curvas de tendências das respectivas variáveis.

---

[1] A modelagem da relação veículo/habitante foi desenvolvida num programa Profmat na UFABC por Sérgio Marques [3]. Os leitores interessados podem acessar a dissertação em: http://bit.profmat-sbm.org.br/xmlui/bitstream/handle/123456789/734/ 2011_00507_SERGIO_PAULO_ATAIDE_MARQUES.pdf?sequence=1

9 Introdução à Modelagem Matemática

Ano	Tempo	Pop.$_{milhões}$
1872	0	9,930
1890	18	14,334
1900	28	17,438
1920	48	30,636
1940	68	41,236
1950	78	51,944
1960	88	70,070
1970	98	93,139
1980	108	119,003
1991	119	146,8
2000	128	169,799
2010	138	190,756

Tabela 8.1 População do Brasil
Fonte: IBGE

Ano	Tempo	Carros
1998	0	17,06
1999	1	18,81
2000	2	19,97
2001	3	21,24
2002	4	23,04
2003	5	23,67
2004	6	24,94
2005	7	26,31
2006	8	27,87
2007	9	29,85
2008	10	32,05
2009	11	34,54
2010	12	37,19
2011	13	39,83

Tabela 8.2 Frota de automóveis
Fonte: DENATRAN

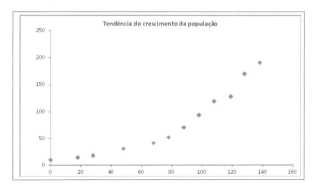

Fig.8.1 - Crescimento populacional no Brasil de 1872 a 2010

9 Introdução à Modelagem Matemática

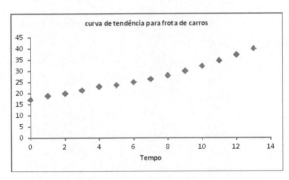

Fig.8.2 Frota de carros no período de 1998 a 2011

9.1.1 Modelo Malthusiano

Um modelo bastante simples para descrever a dinâmica populacional pode ser obtido se admitirmos que tanto a taxa de natalidade como de mortalidade sejam constantes ao longo do tempo:

$$\alpha = \frac{P(t_{i+1}) - P(t_i)}{P(t_i)} = n - m$$

Dessa forma, se considerarmos que *"a variação populacional é proporcional à população"* (modelo malthusiano), podemos escrever

$$\frac{dP(t)}{dt} = \alpha P(t) \qquad (9.1.1)$$

A equação (9.1.1) é uma equação diferencial que pode ser escrita na forma

$$\frac{dP}{P} = \alpha dt$$

Agora, sabemos que duas diferenciais iguais têm a mesma integral, a menos de uma constante arbitrária, isto é,

$$\int \frac{dP}{P} = \int \alpha dt + k$$

Logo,

$$\ln P(t) = at + k$$

E, portanto,

$$P(t) = e^k e^{\alpha t}$$

9 Introdução à Modelagem Matemática

Assim, no modelo malthusiano, a população cresce exponencialmente se $\alpha = n-m > 0$, isto é, se nasce mais do que morre.

No caso específico da população brasileira, cujos censos são fornecidos na Tabela 8.1, temos que no tempo $t = 0$ (correspondente ao ano de 1872) a população era de 9,930 milhões de habitantes. Esse dado nos serve para determinar o valor da constante k da equação (9.1.1):

$$9,930 = P(0) = e^k$$

Um ajuste exponencial dos dados da Tabela 8.1 nos fornece o modelo malthusiano aproximado

$$\begin{aligned} C(t) &= 9,8236 e^{0,0221t} \\ t &= 0 \text{ corresponde ao ano de 1872} \end{aligned}$$

Observamos que esse modelo nos dá que a taxa média de crescimento é $\alpha = 0,0221$, ou seja, de 2,21% ao ano.

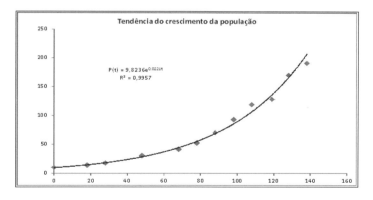

Fig.8.3 - Modelo malthusiano para a população brasileira

Se ajustarmos também os valores das frotas em cada ano por uma função exponencial, obtemos

$$\begin{aligned} P(t) &= 17,423 e^{0,0619t} \\ t &= 0 \text{ corresponde ao ano de 1998} \end{aligned} \qquad (9.1.2)$$

9 Introdução à Modelagem Matemática

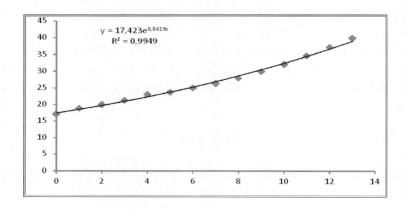

Fig.8.4 Crescimento exponencial para a frota de carros

Agora, para compararmos os crescimentos da população e da frota relacionados, devemos fazê-lo no mesmo período, isto é, em 1998 devemos ter $t = 0$ para o modelo da frota e $t = 126$ no modelo de população:

$$R(t) = \frac{C(t)}{P(t)} = \frac{17,423e^{0,0619t}}{9,8236e^{0,0221(t+126)}}$$
$$0 \leq t \Leftrightarrow \text{ano a partir de 1998}$$

Logo,

$$R(t) = \frac{17,423e^{0,0619t}}{9,8236e^{0,0221t}e^{0,0221*126}} = \frac{17,423e^{0,0619t}}{159,0769e^{0,0221t}}$$

Dessa forma, a relação entre o número de veículos por habitante é dada ainda por uma função exponencial

$$R(t) = 0,1095e^{0,0398t}$$

Isso significa que em 1998 ($t = 0$) tínhamos 10,95 carros para cada 100 habitantes. Esse valor passou a ser 19,12% em 2012 ($t = 14$), quase dobrou em 14 anos. A frota não só aumenta de forma exponencial em relação ao tempo, como sua relação por habitante também cresce exponencialmente.

Os modelos exponenciais nem sempre podem ser utilizados por períodos muito longos. No caso da população brasileira teríamos 502 milhões em 2050 e quase 1 bilhão em 2080 (verifique!). Ainda, com o modelo exponencial, a população dobra

9 Introdução à Modelagem Matemática

de tamanho a cada intervalo de tempo

$$t^* - t = \frac{\ln 2}{\alpha}$$

De fato, se $P(t) = ae^{\alpha t}$ e $P(t^*) = ae^{\alpha t^*}$, então

$$P(t^*) = 2P(t) \Leftrightarrow ae^{\alpha t^*} = 2ae^{\alpha t} \Leftrightarrow \alpha(t^* - t) = \ln 2 \Leftrightarrow t^* - t = \frac{\ln 2}{\alpha}$$

No caso da população brasileira ela dobraria a cada 31,364 anos:

$$t^* - t = \frac{\ln 2}{0,0221} = 31,364$$

Se desejamos nos aproximar cada vez mais do fenômeno analisado, usando modelos matemáticos, devemos procurar aprimorar cada vez mais nossos modelos. Observamos que a tendência usual para crescimento de populações é sempre de estabilidade, isto é, a população se aproxima de um valor constante com o passar do tempo. Esse valor constante P^* é denominado capacidade suporte da população:

$$P^* = \lim_{t \to \infty} P(t)$$

O seguinte modelo leva em consideração o processo de estabilidade.

9.1.2 Modelo Logístico

O modelo logístico pressupõe que a taxa de crescimento da população não seja constante, mas sim uma função que decresce com a população

$$\begin{aligned} \frac{dP}{dt} &= \alpha(P)P \\ \alpha(P) &= a(P^* - P) \end{aligned} \qquad (9.1.3)$$

A solução da equação 9.1.3 é obtida por integração direta com o método da separação de variáveis:

$$\frac{dP}{dt} = aP(P^* - P) \Leftrightarrow \frac{dP}{P(P^* - P)} = adt \Leftrightarrow \frac{dP}{P(P^* - P)} = adt + k$$

Cálculo de $\frac{dP}{P(P^* - P)}$:

9 Introdução à Modelagem Matemática

Vamos usar o método das frações parciais: $\frac{1}{P(P^*-P)} = \frac{A}{P} + \frac{B}{(P^*-P)} = \frac{AP^*-AP+BP}{P(P^*-P)} \implies AP^* = 1$ e $B-A=0 \implies A = \frac{1}{P^*}$ e $B = \frac{1}{P^*}$

$$
\begin{aligned}
\frac{dP}{P(P^*-P)} &= \frac{A}{P}dP + \frac{B}{(P^*-P)}dP = \frac{1}{P^*}\frac{dP}{P} + \frac{1}{P^*}\frac{dP}{(P^*-P)} \\
&= \frac{1}{P^*}(\ln P - \ln(P^*-P)) = \frac{1}{P^*}\ln\frac{P}{(P^*-P)}
\end{aligned}
$$

Então, a solução de 9.1.3 é dada quando

$$
\frac{1}{P^*}\ln\frac{P}{(P^*-P)} = at + k
$$

Devemos agora explicitar o valor de $P = P(t)$:

$$
\ln\frac{P}{(P^*-P)} = P^*(at+k) \implies \frac{P}{(P^*-P)} = Ke^{P^*at}
$$

ou,

$$
P = (P^*-P)Ke^{P^*at} = P^*Ke^{P^*at} - PKe^{P^*at} \implies P(1 + Ke^{P^*at}) = P^*Ke^{P^*at}
$$

Logo, a solução geral de 9.1.3 é dada por

$$
P(t) = \frac{P^*Ke^{P^*at}}{(1 + Ke^{P^*at})} = \frac{P^*}{be^{-P^*at} + 1}
$$

Se considerarmos que no instante $t = 0$ a população $P_0 = P(0)$ é conhecida, podemos determinar a constante b

$$
P_0 = \frac{P^*}{b+1} \implies b+1 = \frac{P^*}{P_0} \implies b = \frac{P^*}{P_0} - 1
$$

e a solução particular de 9.1.3 é

$$
P(t) = \frac{P^*}{(\frac{P^*}{P_0} - 1)e^{-P^*at} + 1} \tag{9.1.4}
$$

Podemos observar que a solução dada em 9.1.4 tem as seguintes propriedades:

o P^* é um valor de estabilidade de 9.1.3 pois $\lim_{t\to\infty} P(t) = P^*$, isto é, $P(t) = P^*$ é uma assíntota horizontal da função 9.1.4;

o P_0 é a população no instante $t = 0$;

9 Introdução à Modelagem Matemática

○ A população é crescente se, e somente se, $P < P^*$. De fato, como $a > 0$ e $P(t) > 0$, temos

$$\frac{dP}{dt} = aP(P^* - P) > 0 \Leftrightarrow P < P^*$$

○ A solução 9.1.4 tem um ponto de inflexão no instante t_i em que $P(t_i) = \frac{1}{2}P^*$, pois

$$\frac{d^2P}{dt^2} > 0 \Leftrightarrow aP^*\frac{dP}{dt} - 2aP\frac{dP}{dt} = a\frac{dP}{dt}(P^* - 2P) > 0$$

Portanto, $\frac{d^2P}{dt^2} > 0 \Longleftrightarrow P^* > 2P$ e $\frac{d^2P}{dt^2} = 0$ se $P = \frac{1}{2}P^*$. Logo, $P(t_i) = \frac{1}{2}P^*$ é um ponto de inflexão da curva $P(t)$.

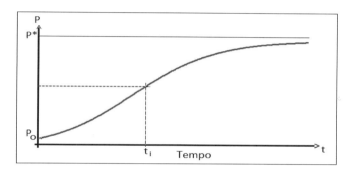

Fig.8.5 Crescimento logístico de uma população

Para obtermos o modelo logístico da população brasileira, devemos estimar os valores dos parâmetros de 9.1.4.

Cálculo da capacidade suporte P*

A sequência de valores de P(t) é crescente no tempo, e estamos considerando que seja também limitada, portanto ela é convergente. Se denotarmos tal sequência por $\{P_n\}_{n \in \mathbb{N}}$, devemos ter $\lim_{n \to \infty} P_n = P^*$. Isso significa que, para n suficientemente grande, $P_{n+1} \simeq P_n \simeq P^*$.

9 Introdução à Modelagem Matemática

P_n	P_{n+1}	$P_{n+1} - P_n$
9,930	14,334	4,404
14,334	17,438	3,104
17,438	30,636	13,198
30,636	41,236	10,6
41,236	51,944	10,708
51,944	70,070	18,126
70,070	93,139	23,069
93,139	119,003	25,864
119,003	146,8	27,797
146,8	169,799	22,999
169,799	190,756	20,957
190,756		

Tabela 8.3 Relação entre as populações em períodos sucessivos

Consideremos os valores de P_n superiores a 146 milhões (quando a variação começa a diminuir) e vamos ajustar a função $P_{n+1} = f(P_n)$ por uma reta

$$P_{n+1} = f(P_n) = 0,864P_n + 43,659$$

Como queremos calcular o valor de P_n de modo que seja bastante próximo de P_{n+1}, devemos resolver o sistema:

$$\begin{cases} P_{n+1} = 0,864P_n + 43,659 \\ P_{n+1} = P_n \end{cases}$$

E obtemos $P_{n+1} = P_n = P^* = 321,02$ milhões.

Cálculo dos parâmetros

Consideremos a equação 9.1.4 e vamos reescrevê-la como

$$P = \frac{P^*}{\frac{1}{k}e^{-bt} + 1} \tag{9.1.5}$$

9 Introdução à Modelagem Matemática

Logo,

$$P = \frac{P^* k e^{bt}}{1 + k e^{bt}} \Rightarrow P(1 + k e^{bt}) = kP^* e^{bt} \Leftrightarrow P = kP^* e^{bt} - kPe^{bt} = (P^* - P)ke^{bt}$$

e portanto,

$$\frac{P}{P^* - P} = k e^{bt}$$

Assim, se ajustarmos os valores $\frac{P_n}{321{,}02 - P_n}$ da Tabela 8.3, por uma função exponencial, obtemos:

$$\frac{P}{P^* - P} = 0{,}0265 e^{0{,}0283t}$$

Com os valores $k = 0{,}0265$ e $b = 0{,}0285$, a equação 9.1.5 fica totalmente explicitada:

$$\begin{cases} P = \frac{321{,}02}{37{,}736 e^{-0{,}0283t} + 1} \\ t = 0 \text{ corresponde a } 1872 \end{cases} \tag{9.1.6}$$

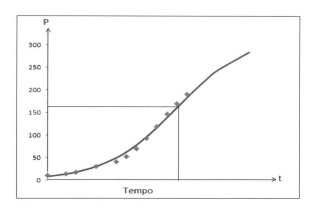

Fig. 8.6 - Modelo logístico da população brasileira

Podemos observar que a população brasileira atingiu seu crescimento máximo (ponto de inflexão) aproximadamente no ano 2000 ($t = 160$).

Exercícios.

1. Verificar a relação carro/habitante quando se considera o modelo logístico para o crescimento da população e o modelo exponencial para os veículos.
   Em 2014 foram emplacados 4.474.751 veículos novos no Brasil. Compare esses dados com a população desse mesmo ano.

9 Introdução à Modelagem Matemática

2. Determine, usando o modelo 9.1.6, o instante em que a população brasileira será de 200 milhões de habitantes.

3. Usando os modelos de população 9.1.6 e de crescimento da frota 9.1.3, determine o instante em que 25% dos habitantes têm carro.

Projeto 1   Faça um estudo da evolução e uso de combustíveis no Brasil.

Projeto 2   Faça um estudo sobre congestionamento de veículos na cidade de São Paulo (frota paulistana, horário de pico, preço de carros, população etc.).

Projeto 3   O uso de celulares tem crescido substancialmente nos últimos anos no Brasil. Em novembro de 2014 havia 1.379 celulares por habitante. Considere os modelos malthusiano e logístico do crescimento populacional no Brasil 9.1.6 e calcule quando cada habitante terá 2 celulares, supondo que a taxa de crescimento anual dos aparelhos seja mantida em 3,5%, enquanto a população cresce 2,8% ao ano. Considerando que o número de celulares seja proporcional ao de habitantes, construa modelos do crescimento de celulares no Brasil.

9.2 Corrida dos 100 metros rasos

A corrida de 100 metros[2] rasos constitui uma das apresentações mais empolgantes de uma olimpíada. É uma prova muito rápida e que exige uma capacidade excepcional dos atletas, que devem dar aproximadamente 50 passos em todo o percurso. Dura em torno de 10 segundos e os vencedores são considerados os homens mais rápidos do mundo. As questões que se impõem são: como vencer essa corrida ou por que Bolt foi invencível em Pequim (2008) e Berlim (2009)?

Para tentar responder a estas questões, devemos entender o processo evolutivo desta prova.

A corrida apresenta quatro fases características:

(1) *Período de reação* — que corresponde ao tempo de reação inicial do atleta — É o intervalo de tempo entre o tiro de partida e o momento em que o atleta deixa o bloco de partida. Um atleta leva, em média, $0,18$ *segundos* para iniciar a corrida após o disparo, ao passo que uma pessoa normal levaria cerca de $0,27$ *segundos*. O atleta tem também um treino especial para a respiração — inspiram na largada, expiram e

---

[2]Uma modelagem mais detalhada e completa o leitor pode encontrar em [2].

9 Introdução à Modelagem Matemática

inspiram novamente na metade da corrida e só voltam a expirar outra vez no fim da corrida;

(2) *Fase de aceleração positiva* — após a saída, o corredor aumenta sua velocidade com o aumento da frequência e da amplitude das passadas, atingindo a velocidade máxima entre 43 e 60 metros, cerca de 6 *segundos* após a largada;

(3) *Fase da velocidade constante* — o corredor tenta manter a velocidade bem próxima da máxima e chega a correr de $20m$ a $30m$ nesta fase;

(4) *Fase de aceleração negativa* — devido às próprias restrições do organismo, o atleta não consegue manter a velocidade máxima e começa a desaceleração. Isso ocorre nos $20m$ a $10m$ do final.

Grosso modo, uma corrida de 100m tem o seguinte esquema (fig. 8.7):

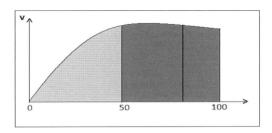

Fig. 8.7 - Fases de uma corrida de 100m rasos

As informações anteriores fornecem as características básicas de uma corrida de 100 metros. Devemos procurar um modelo matemático que contemple esses dados. Quando Bolt bateu o recorde da prova em Berlim com o tempo de 9s69, seus tempos parciais foram:

tempo	distância	velocidade
0,165	0	0
2,87	20	9,86079
4,65	40	11,7454
6,32	60	12,4213
7,96	80	12,0558
9,69	100	10,5648

Tabela 8.4. Desempenho de Bolt em Pequim

Vamos usar as unidades *metro* para distância e *segundo* para o tempo. Os dados iniciais são:

9 Introdução à Modelagem Matemática

Velocidade inicial $v_0 = v(0) = 0\ m/s$ e espaço inicial $s_0 = s(0) = 0\ m$;

Consideramos as variáveis básicas da cinemática (espaço s, velocidade v e aceleração a) como funções do tempo:

$v = \dfrac{ds}{dt}$: velocidade é a variação do espaço por unidade de tempo $\Longrightarrow s(t) = v(t)dt$

$a = \dfrac{dv}{dt}$: aceleração é a variação da velocidade por unidade de tempo $\Longrightarrow v(t) = a(t)dt$

Com os dados de cada fase (ver Tabela 8.4), podemos pensar numa função do tipo quadrático para ajustar a velocidade e obtemos:

$$v = -0,3037t^2 + 4,0097t - 0,2194$$

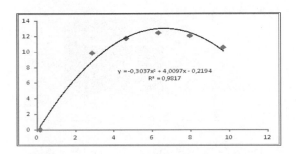

Fig. 8.8 Velocidade ajustada numa corrida de 100 m rasos

A distância em função do tempo é obtida integrando a função velocidade, isto é,

$$s(t) = \int v(t)dt = \frac{-0,3037}{3}t^3 + \frac{4,0097}{2}t^2 - 0,2194t + k$$

e como $s(0) = 0$, então $k = 0$. Logo,

$$s(t) = -0,1012t^3 + 2,0048t^2 - 0,2194t$$

Exercícios.

1) Faça inicialmente o ajuste da distância por um polinômio de terceiro grau e depois determine a função velocidade, derivando tal polinômio. Determine também a aceleração em função do tempo e construa seu gráfico.

9 Introdução à Modelagem Matemática

2) Verifique se uma função do tipo

$$v(t) = kte^{-\alpha t}$$

é adequada para modelar a velocidade numa corrida de 100 metros.

Projeto Faça um estudo dos recordes da corrida de 100 metros e determine quando será batido o de Bolt ([2]).

9.3 Criminalidade no ABCD

Um estudo sobre a criminalidade no ABCD foi desenvolvido num programa de especialização para professores do ensino médio na Universidade Federal do ABC [2][3]. Os modelos matemáticos formulados são relativamente simples e usam apenas os conceitos básicos de Cálculo diferencial e integral: função (exponencial, logarítmo, reta e trigonométricas), limites (estabilidade), derivada e integral.

Neste texto vamos mostrar apenas o comportamento da criminalidade em duas cidades do ABCD, São Caetano e Diadema. Apesar do índice de criminalidade estar decrescendo nas duas cidades, as curvas que representam esse fator são bem distintas.

Índice de criminalidade

Alguns índices determinam os **níveis de criminalidade** e qualidade de vida de uma população. Esses índices foram determinados pelo IEME, Instituto de Estudos Metropolitanos, considerando-se alguns parâmetros que favorecem a criminalidade. Como parâmetro oficial, tomam-se os índices de crimes por 100 000 habitantes, que é um parâmetro internacional neste tipo de estudo. Para estabelecer o índice de criminalidade, são levados em consideração três tipos de crime: homicídios, roubo e furto de veículos. O IEME calcula o IC (Índice de Criminalidade) a partir das três variáveis: homicídios com peso de 60%, furtos e roubos de veículos com peso de 30% e furtos e roubos gerais com peso de 10%. O IC é resultado da média ponderada dos três tipos de crimes. Como o peso maior do índice de criminalidade é relativo ao número de homicídios, muitas vezes as taxas de criminalidade se atêm somente a esse fator de

---

[3]O trabalho que apresentamos nesta seção foi o resultado das pesquisas realizadas por um grupo de professores de Matemática da rede de ensino, num curso de especialização que organizamos na UFABC em 2009-10. Nesse trabalho é desenvolvido um tratamento matemático dos índices de homicídios dos quatro municípios da Grande São Paulo: Santo André, São Caetano, São Bernardo e Diadema, com a elaboração de modelos que mostram os possíveis níveis de estabilidade nestes municípios, e um comparativo entre tais índices [2].

9 Introdução à Modelagem Matemática

violência. Os dados que iremos utilizar são da Secretaria de Segurança Pública do Estado de São Paulo.

9.3.1 Criminalidade em Diadema (SP)

Diadema é a cidade mais nova da região do ABCD e isso, via de regra, constitui um fator de maior IC.

Ano	tempo	hom/100mil: h_i
1999	0	102,82
2000	1	76,15
2001	2	65,79
2002	3	54,12
2003	4	44,48
2004	5	35,39
2005	6	27,57
2006	7	20,26
2007	8	20,55

Tabela 8.5 Criminalidade em Diadema
Fonte: Secretaria de Seguranca Pública - SP

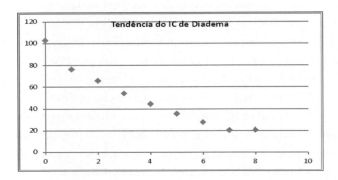

Fig. 8.9 - Tendência do IC de Diadema

A Tabela 8.5 e a Fig. 8.9 nos mostram que o IC de Diadema está decrescendo com o tempo. Vamos determinar agora qual o nível de estabilidade do valor do IC, supondo que se mantenha a mesma taxa de decaimento.

9 Introdução à Modelagem Matemática

Um ajuste linear para a função $h_{i+1} = f(h_i)$, usando apenas os 7 valores finais da Tabela 8.5, nos dá:

$$h_{i+1} = 0,7922h_i + 1,0338$$

Como a estabilidade se dá quando $h_{i+1} \approx h_i$, o valor de estabilidade é obtido do sistema

$$\begin{cases} h_{i+1} = 0,7922h_i + 1,0338 \\ h_{i+1} = h_i \end{cases}$$

ou seja, $h^* = 4,975$.

Para determinar a expressão da curva de tendência, consideramos a seguinte tabela (Tabela 8.6):

tempo	h_i	$h_i - h^*$
0	102,82	97,85
1	76,15	71,18
2	65,79	60,82
3	54,12	49,15
4	44,48	39,51
5	35,39	30,42
6	27,57	22,60
7	20,26	15,29
8	20,55	15,58

Tabela 8.6 Valores da curva auxiliar

Como $\lim_{i \to \infty} h_i = h^*$, então $\lim_{i \to \infty}(h_i - h^*) = 0$.

Uma curva auxiliar, obtida pelo ajuste dos pontos $(h_i - h^*)$ no tempo, pode ser uma função exponencial, isto é, $(h_i - h^*)(t) = 97,171e^{-0,24t}$. Dessa forma, o modelo para o IC de Diadema é dado por:

$$\begin{cases} h(t) = 4,975 + 97,171e^{-0,24t} \\ t = 0 \text{ corresponde ao ano de 1999} \end{cases} \tag{9.3.1}$$

Esse modelo indica que o índice de criminalidade de Diadema decresce exponencialmente e tende a se estabilizar com um valor próximo a 11,866 crimes por 100 mil habitantes. Claramente, isto apenas será verdade caso a tendência continue inalterada.

9 Introdução à Modelagem Matemática

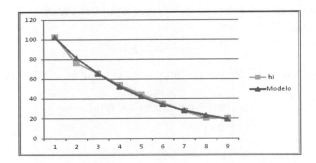

Fig. 8.10 Modelo da criminalidade de Diadema

Funções do tipo $h(t) = b \pm ke^{-at}$, como a utilizada para modelar o IC de Diadema 9.3.1, são denominadas *exponenciais assintóticas* e têm a propriedade de estabilidade, isto é, admitem uma assíntota horizontal $y = b$.

De fato,
$$\lim_{t\to\infty} h(t) = \lim_{t\to\infty}(b \pm ke^{-at}) = b$$

As funções exponenciais assintóticas são soluções da equação diferencial

$$\begin{cases} \frac{dh}{dt} = -a(h - h^*) \\ h(0) = h_0 \text{ dado} \end{cases} \qquad (9.3.2)$$

Para obtermos a solução de 9.3.2, separamos as variáveis e integramos membro a membro, ou seja,

$$\frac{dh}{(h - h^*)} = -a\,dt \Longrightarrow \frac{dh}{(h - h^*)} = a\,dt + K \Longrightarrow \ln(h - h^*) = -at + K$$

E portanto,
$$h(t) - h^* = e^K e^{-at}$$

Como $h(0) = h_0$, podemos calcular o valor $e^K = h_0 - h^*$ e, assim,

$$h(t) = h^* + (h_0 - h^*)e^{-at}$$

9.3.2 Criminalidade em São Caetano (SP)

Dados da Criminalidade em São Caetano do Sul

9 Introdução à Modelagem Matemática

Ano	tempo	índice: h_i
1999	0	12,01
2000	1	12,84
2001	2	14,39
2002	3	7,98
2003	4	9,37
2004	5	5,07
2005	6	2,18
2006	7	5,10
2007	8	1,46

Tabela 8.7 - Criminalidade em São Caetano do Sul
Fonte: Secretaria de Seguranca Pública - SP

Específicos de São Caetano do Sul, os dados apresentaram oscilações anuais (veja Fig. 8.11).

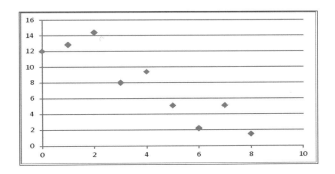

Fig. 8.11 - Tendência do índice de homicídios de São Caetano do Sul a partir de 1999

Modelo Exponencial Assintótico

Usando os dados "brutos" da Tabela 8.7 e os mesmos argumentos da modelagem feita com os dados de Diadema, não conseguimos encontrar o valor limite h^*. Nesse caso, se considerarmos o ajuste exponencial, obtemos

$$y = 17,357 e^{-0,2571 t}$$

9 Introdução à Modelagem Matemática

Assim, podemos afirmar que se for mantida a mesma tendência decrescente do índice de homicídios em São Caetano, depois de mais 5 anos teremos um valor que pode ser considerado o de estabilidade, isto é, algo em torno de 0,4.

Agora, um ajuste exponencial dos valores $(h_i - h^*)$ nos dá a equação:

$$z - z^* = 17,309e^{-0,2358t}$$

Então, o modelo será

$$h(t) = 0,4 + 17,309e^{-0,2358t}$$

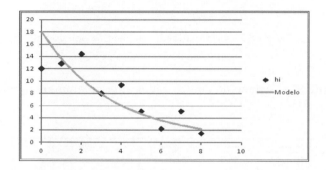

Fig. 8.12 - Modelo exponencial assintótico do índice de criminalidade (IC) de São Caetano

Modelo oscilante assintótico

Podemos observar na Fig. 8.11 que os dados para o índice de criminalidade são oscilantes e seguem uma curva exponencial decrescente. De um modo geral, quando se trata de valores oscilantes, os modelos matemáticos envolvem funções trigonométricas. Nesse caso específico, deveríamos ter uma função trigonométrica compreendida entre duas funções exponenciais decrescentes obtidas separadamente, utilizando os pontos de mínimos e máximos dados da Tabela 8.7.

9 Introdução à Modelagem Matemática

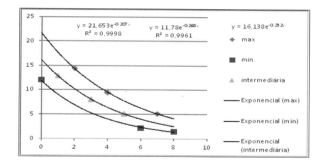

Fig. 8.13 - Curvas auxiliares para valores máximo e mínimo dos dados

Assim, devemos ter os valores oscilantes entre as curvas

$$h_{\max}(t) = 0,4 + 21,563e^{-0,207t}$$

$$h_{\min}(t) = 0,4 + 11,78e^{-0,268t}$$

que diminuem com o tempo, pois

$$\lim_{t\to\infty} h_{\max}(t) = \lim_{t\to\infty} h_{\min}(t) = 0,4 \Longrightarrow \lim_{t\to\infty}[h_{\max}(t) - h_{\min}(t)] = 0$$

De qualquer forma, os dados reais satisfazem a equação

$$H(t) = h_{\max}(t) - \alpha(t)[h_{\max}(t) - h_{\min}(t)]$$

para $0 \leq \alpha(t) \leq 1$, com $\alpha(t)$ periódico. Um ajuste razoável para $\alpha(t)$ é

$$\alpha(t) = \cos(\frac{2\pi}{5}t + 2)$$

9 Introdução à Modelagem Matemática

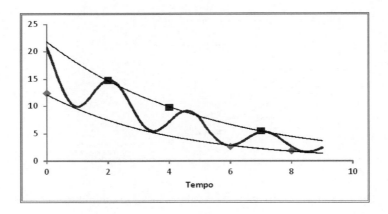

Fig. 8.14 - Os valores do IC estão entre h_{min} e h_{max}

Assim, um modelo para o índice de criminalidade de São Caetano é dado por:

$$H(t) = \left[0,4 + 21,563e^{-0,207t}\right] - \left[\cos(\frac{2\pi}{5}t + 2)\right]^2 \left[21,563e^{-0,207t} - 11,78e^{-0,268t}\right] \quad (9.3.3)$$

Temos que

$$\begin{aligned}\lim_{t\to\infty} H(t) &= \lim_{t\to\infty}\left[0,4 + 21,563e^{-0,207t}\right] - \lim_{t\to\infty}\left[\cos(\frac{2\pi}{5}t + 2)\right]^2 \lim_{t\to\infty}\left[21,563e^{-0,207t} - 11,78\right] \\ &= 0,4 + 0 * \lim_{t\to\infty}\left[\cos(\frac{2\pi}{5}t + 2)\right]^2 = 0,4\end{aligned}$$

Observamos que a função $f(t) = \left[\cos(\frac{2\pi}{5}t + 2)\right]^2$ é positiva e limitada, uma vez que $0 \leq f(t) \leq 1$, para todo t. Então, se $\lim_{t\to\infty} g(t) = 0$, temos $\lim_{t\to\infty}[g(t)f(t)] = 0$.

Projeto 1 Verifique se o índice pluviométrico do Estado de São Paulo tem um comportamento semelhante ao da criminalidade de São Caetano. Faça um estudo deste índice.

Projeto 2 "A taxa de homicídio por 100 mil habitantes cai em São Paulo"(*Folha de São Paulo*, 24 /01/2015). Utilizando os dados da Tabela 8.8, encontre modelos preditivos

9 Introdução à Modelagem Matemática

e que justifiquem a afirmação da *Folha*.

Ano	Estado	Capital	TH Estado	TH Capital
2001	12475	5174	33,3	49,1
2003	10954	4276	28,5	39,9
2009	4564	1237	11,1	11,08
2011	4193	1019	10,08	9,0
2014	4294	1132	10,06	9,8

Tabela 8.8 Taxa de Homicídio em São Paulo

9.4 Fermentação

O objetivo principal desta seção é compreender e modelar[4] a dinâmica do cresci-mento da massa celular de microrganismos (fungos e bactérias) presentes na massa de fermento, durante o processo de fabricação do pão. Este estudo foi desenvolvido como trabalho de conclusão de curso na PUC Campinas em 1977 [5].

Sabe-se que a fermentação é um processo químico que transforma as cadeias de açúcar ($C_6H_{12}O_6$) contidas na massa em gás carbônico ($2CO_2$), álcool etílico ($2C_2H_6O$) e substâncias aromáticas (ácidos orgânicos), objetivando provocar o crescimento da massa e o surgimento e a incorporação de sabores aos produtos produzidos.

White ao estudar a dinâmica do crescimento de microrganismos durante a fermen-tação identificou três fases distintas nesse processo [4]. A primeira é de *adaptação* dos microrganismos ao meio no qual estão inseridos. Nessa fase há um decréscimo da massa celular dos microrganismos presentes no fermento. A segunda fase, de *aumento* rápido da massa celular dos microrganismos. Finalmente, a terceira fase é de *estabilização* da massa celular dos microrganismos, e praticamente não cresce.

Para desenvolver o estudo da dinâmica do crescimento da massa celular de micror-ganismos presentes na massa de fermento durante a fabricação do pão, os alunos [5], na impossibilidade de medirem diretamente a "massa celular", admitiram ser esta diretamente proporcional à "massa de fermento", em gramas, utilizada na fabrica-ção. Partindo dessa hipótese, os alunos realizaram medições de pontos específicos no gráfico proposto por White e produziram uma tabela relacionando o *tempo de fermen-tação* (t), em minutos, e a *massa de fermento* (m), em gramas, utilizada na fabricação

---

[4]O trabalho apresentado nesta seção é resultado dos estudos realizados por um grupo de professoras de Matemática, da rede pública de ensino, no Curso de Especialização em Educação Matemática da PUC-Campinas, orientadas pelo Prof. Dr. Geraldo Pompeu Jr., em 1997.

9 Introdução à Modelagem Matemática

(ver Tabela 8.9).

tempo (min)	massa (g)
0	15
20	4,7
35	45,1
38	53,4
42	59,8
48	65,5
60	68,3

Tabela 8.9 Tempo de fermentação e massa

O gráfico de tendência da dinâmica do crescimento da massa celular de microrganismos, presentes na massa de fermento, durante o processo de fabricação do pão é dado por:

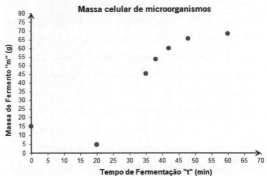

Fig. 8.15 - Tendência do crescimento da massa

Fixando a fase de *adaptação* dos microrganismos à massa do pão entre os instantes 0 e 20 minutos; a fase de *aumento* da massa celular dos microrganismos nesse meio durante os instantes de 20 a 35 minutos; e a fase de *estabilização* da massa celular dos microrganismos presente na massa de fermento entre os instantes 35 e 60 minutos, passamos a modelar, matematicamente, essas fases.

9.4.1 Fase de *adaptação* dos microrganismos à massa do pão

Ao analisarmos os dados da 1ª fase do gráfico de tendência, observamos que a massa de fermento (m) e, consequentemente, a massa celular dos microrganismos

9 Introdução à Modelagem Matemática

nela presente decaem com o passar do tempo. Admitindo ser a taxa de decaimento α constante, ou seja, $\alpha = \frac{m_{t+1}-m_t}{m_t}$, e considerando que a "*variação da massa celular dos microrganismos presentes no fermento é proporcional a massa celular a cada instante*", temos que $\frac{dm}{dt} = \alpha m(t)$, o que é o mesmo que escrever

$$\frac{dm}{m} = \alpha dt$$

Integrando membro a membro esta equação diferencial, temos:

$$\ln m = \alpha t + k \Longrightarrow m(t) = e^k e^{\alpha t}$$

Se em $t = 0min$ temos $m(0) = 15g$, determinamos que $e^k = 15$.
Se em $t = 20min$ temos $m(20) = 4,7g$, calculamos que $4,7 = 15\, e^{\alpha 20}$ e, portanto,

$$\alpha = \frac{ln(\frac{4,7}{15})}{20} \Longrightarrow \alpha = -0,058.$$

Portanto, o modelo exponencial que representa o decaimento da massa celular dos microrganismos presentes no fermento durante a fabricação do pão é dado por:

$$m(t) = 15 e^{-0,058 t} \quad \text{para } 0 \leq t \leq 20$$

Graficamente temos:

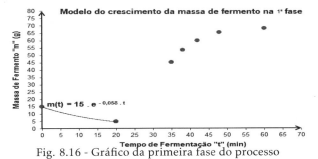

Fig. 8.16 - Gráfico da primeira fase do processo

9.4.2 Fase de *aumento* da massa celular dos microrganismos presentes na massa do pão

Observando os dados da 2ª fase do gráfico de tendências na Fig. 8.15, notamos que a massa celular dos microrganismos presentes na massa de fermento durante o

9 Introdução à Modelagem Matemática

processo de fabricação do pão cresce rapidamente.

Analogamente à 1ª fase, vamos supor que a taxa β deste crescimento seja constante e que a *"variação da massa celular dos microrganismos é proporcional a massa celular"* a cada instante. Isso nos leva, novamente, a um modelo matemático exponencial para descrever esse processo, ou seja,

$$\frac{dm}{dt} = \beta m \Longrightarrow \frac{dm}{m} = \beta dt$$

Resolvendo essa equação diferencial, temos:

$$\ln m = \beta t + K \Longrightarrow m(t) = e^K e^{\beta t}$$

Se para $t = 20min$, temos $m(20) = 4,68g$ e, para $t = 35min$, temos $m(35) = 43,125g$, então, substituindo esses valores no modelo exponencial, temos:

$$\begin{cases} 4,68 = e^K e^{20\beta} \\ 43,125 = e^K e^{35\beta} \end{cases} \Longrightarrow \frac{4,7}{e^{20\beta}} = \frac{45,1}{e^{35\beta}} \Longrightarrow e^{15\beta} = \frac{43,125}{4,68}$$

donde, $\beta = \frac{\ln(\frac{43,125}{4,68})}{15} = 0,1508$ e $e^k = 0,2305$.

Portanto, o modelo exponencial que representa o crescimento da massa celular dos microrganismos presentes no fermento utilizado na fabricação do pão durante a 2ª fase do processo é dado por:

$$m(t) = 0,2305e^{0,1508t} \text{ para } 20 < t \leq 35min.$$

Graficamente temos:

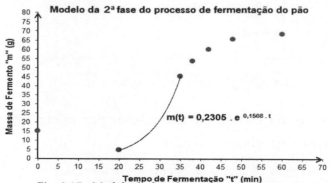

Fig. 8.17 - Modelo da fase de crescimento da massa

9.4.3 Fase de *estabilização* da massa celular dos microrganismos contidos na massa do pão

O gráfico de tendências mostra-nos cinco pontos distintos que representam a 3ª fase da dinâmica de crescimento da massa celular dos microrganismos presentes na massa de fermento durante a fabricação do pão. Embora a sequência de massas celulares, que denotaremos por $\{m_n\}_{n \in N}$, seja sempre crescente, ela também é limitada. Ou seja, a sequência dessas massas é convergente. Matematicamente, é o mesmo que dizer que o $\lim_{n \to \infty} m_n = m^*$, ou seja, para n suficientemente grande, $m_{n+1} \simeq m_n \simeq m^*$.

Para determinarmos o valor desse limite m^*, tomemos os 5 últimos valores da Tabela 8.9:

t	m_t	m_{t+1}	$m^* - m_t$
35	45,1	53,4	34
38	53,4	59,8	25,7
42	59,8	65,5	19,3
48	65,5	68,3	13,6
60	68,3		10,8

Tabela 8.10 Determinação do valor de estabilidade

A terceira coluna da Tabela 8.10 é obtida com um deslocamento dos valores da segunda. Ajustando linearmente os pontos (m_t, m_{t+1}), obtemos a equação da reta $m_{t+1} = 0,7494 m_n + 19,818$. Agora, se considerarmos que o valor de estabilização da massa m^* é obtido quando $m_t = m_{t+1}$, seu valor será dado pela solução do sistema:

$$\begin{cases} m_{t+1} = 0,7494 m_n + 19,818 \\ m_t = m_{t+1} \end{cases}$$

ou seja, $m^* = 79,08g$.

Um modelo exponencial assintótico tem a forma dos valores da terceira fase do processo de fermentação. Tal modelo é dado pela expressão:

$$y = k + e^{-at}$$

No nosso caso específico, a curva exponencial auxiliar do modelo assintótico é ob-

9 Introdução à Modelagem Matemática

tida com um ajuste (exponencial) dos valores $(m^* - m_t)$ e o tempo t, isto é,

$$m^* - m_t = 139,04e^{-0,045t} \text{ com } 35 \leq t \leq 60$$

Portanto, o modelo exponencial assintótico descreve a dinâmica do crescimento da massa celular dos microrganismos, presentes no fermento durante a fabricação do pão em sua 3ª fase, é dado por:

$$m(t) = 79,1 - 139,04e^{-0,045t}$$

Portanto, a dinâmica do crescimento da massa celular dos microrganismos (fungos e bactérias) presentes na massa de fermento durante o processo de fabricação do pão é modelado por três funções exponenciais distintas:

$$\begin{cases} m(t) = 15e^{-0,058t} \text{ para } 0 \leq t \leq 20 \\ m(t) = 0,2305e^{0,1508t} \text{ para } 20 < t \leq 35 \\ m(t) = 79,1 - 139,04e^{-0,045t} \text{ para } 35 \leq t \leq 60 \end{cases}$$

Ou seja, graficamente, no todo do processo de fermentação, temos:

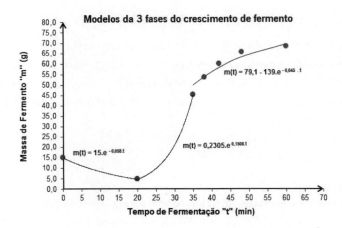

Fig. 8.18 - Modelo do crescimento da massa celular dos microrganismos presentes na massa de fermento durante todo o processo de fabricação do pão

9 Introdução à Modelagem Matemática

Projeto 1

Tomando por base o Modelo Logístico, utilizado para o crescimento populacional 9.1.3, e os dados referentes às 2^a e 3ª fases do estudo da dinâmica do crescimento da massa celular dos microrganismos presentes na massa de fermento durante o processo de fabricação do pão, defina com uma única equação a dinâmica desse crescimento.

Projeto 2

Durante a fase de *adaptação* dos microrganismos à massa do pão, entre os instantes 0 e 20 minutos, admita que a "variação da massa celular (mortalidade) dos microrganismos é proporcional à quantidade de microrganismos presentes no fermento". Determine a taxa de mortalidade (k) desses microrganismos e um modelo exponencial que descreva o decrescimento do número de microrganismos, em função do tempo de fermentação da fase. Compare o resultado com aquele obtido na subseção anterior.

Projeto 3

Admitindo que durante a 2^a e 3ª fases do estudo descrito a variação populacional de microrganismos (m) em função do tempo de fermentação (t) possa ser determinada pela solução da equação diferencial:

$$\frac{dm}{dt} = k_1 m - k_2 m^2$$

onde k_1 é o coeficiente de crescimento populacional e k_2 é o coeficiente de competição dessa população:

(1°) Determine a solução da equação diferencial utilizando-se do método de integração das frações parciais escrevendo m em função de k_1, k_2 e $k = e^{k_1 \cdot C}$, onde C é a constante de integração obtida durante a solução da equação;

(2°) Verifique que o valor de estabilidade de $m(t)$ é dado por $\frac{k_1}{k_2}$, isto é, $m^* = \lim_{t \to \infty} m(t) = \frac{k_1}{k_2}$;

(3°) Admitindo que $m^* = \frac{k_1}{k_2} = 79,1g$, tomando $0 \leq t \leq 40\ min$ (intervalo de tempo das 2^a e 3ª fases da modelagem realizada nas seções anteriores); e assumindo que quando $t = 0\ min$ a massa inicial é $m_0 = 4,7\ g$ (valor de m para $t = 21\ min$, conforme Tabela 8.9) e que para $t = 1min$, $m_1 = 5,45g$ (valor calculado a partir do modelo exponencial da 2ª fase, utilizando-se $t = 21min$), determine os valores corresponden-

9 Introdução à Modelagem Matemática

tes para k_1, k_2 e k e, finalmente, utilizando-se desses valores, reescreva a solução da equação diferencial determinada no (1°) item;

(4°)   Compare o modelo obtido no (3°) item com aquele determinado no Projeto 1. A que conclusão chega com esta comparação?

Projeto 4

Faça uma pesquisa na internet a respeito do reservatório de água da Cantareira, próximo à cidade de São Paulo. Determine sua capacidade máxima de estocagem de água, em milhões de litros, incluindo seus dois "volumes mortos". Determine os percentuais de cada um desses volumes em relação à capacidade máxima de estocagem do reservatório. Determine a data em que a água do primeiro "volume morto" começa a ser utilizada e estipule esse dia como sendo o tempo inicial (t = 0), em dias, para a modelagem a ser desenvolvida. Admita o percentual de água referente aos dois "volumes mortos", $v_0 = v(0)$, como sendo aquele estocado no reservatório para o início do estudo matemático a ser realizado. Colete dados sobre o dia e o percentual de água no reservatório $(t, v(0))$ até que, durante 10 dias consecutivos, o volume de água no reservatório aumente ou permaneça o mesmo do dia anterior. Determine um "Modelo Exponencial" decrescente que descreva, percentualmente e de forma aproximada, o comportamento dos pontos coletados, excluindo-se os últimos 10 dias, quando o volume represado aumenta ou permanece o mesmo. Determine a taxa média de crescimento/manutenção diária do percentual de água registrado nesses 10 dias e assuma essa taxa como constante até que o volume de água represada no reservatório atinja 2/3 de sua capacidade máxima de estocagem. Determine um "Modelo Exponencial" crescente que descreva essa fase de aumento do percentual do volume estocado no reservatório. Utilizando-se do segundo modelo exponencial, calcule a data aproximada na qual os 2/3 da capacidade do reservatório deverá ser atingida. Assumindo que a capacidade máxima de estocagem de água da Cantareira (100%) seja o valor de estabilização do "Modelo Exponencial Assintótico" a ser construído, determine-o tomando como tempo inicial a data aproximada na qual os 2/3 da capacidade do reservatório deverá ser atingida. A partir do modelo construído, determine a data na qual 95% da capacidade máxima de estocagem de água da Cantareira será atingida. De posse do estudo realizado e das conclusões tiradas, avalie se o que tem sido declarado por nossos "políticos", a respeito desse problema, é coerente e relevante.

9.5 Modelo geral do crescimento em peso de humanos do sexo masculino

Neste exemplo utilizaremos algumas ferramentas do cálculo para modelar[5] o crescimentos em peso dos seres humanos masculinos. O objetivo é exemplificarmos o uso de algumas técnicas baseadas no cálculo para elaboração de modelos matemáticos. Além disso, utilizaremos o problema proposto para exemplificar algumas dificuldades comuns em processos de modelagens, principalmente no que se refere ao tratamento de dados.

Entendendo o problema

Assim como a maioria dos seres vivos, o peso do ser humano varia ao longo da vida. Esta variação está vinculada a diversos fatores, por exemplo, alimentação, atividade física, idade etc. Neste exemplo, iremos nos concentrar no fator idade, isto é, estudaremos a variação média do peso do ser humano ao longo dos anos de vida.

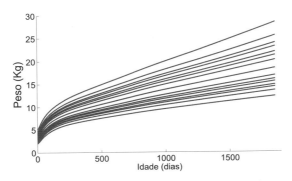

Fig 8.19 - Variação do peso em função da idade (0 a 5 anos) para os percentis 0.1, 1, 3, 5, 10, 15, 25, 50, 75, 85, 90, 95, 97, 99 e 99.9.
Dados retirados do site http://www.who.int/en

A Figura 8.19 ilustra a variação de alguns percentis do peso nos 5 primeiros anos de vida do homem. Neste exemplo, iremos nos concentrar no comportamento da mediana (50° percentil), já que este divide a população em duas partes iguais, isto

---

[5]Este modelo foi desenvolvido por Michael Diniz nos intervalos de sua pesquisa de doutorado realizada na Unicamp em 2015.

9 Introdução à Modelagem Matemática

é, dizer que o percentil 50 do peso de uma criança de 2 anos é 10 kg, significa que metade das crianças de 2 anos estão abaixo de 10kg e outra metade está acima.

O conceito de percentil é encontrado, principalmente, na estatística. Os percentis são medidas que dividem a amostra em 100 partes, cada uma com uma percentagem de dados aproximadamente igual. Num outro gráfico, é possível ter uma ideia do comportamento de alguns percentis, incluindo a mediana, da evolução do peso para homens entre 15 e 80 anos de idade.

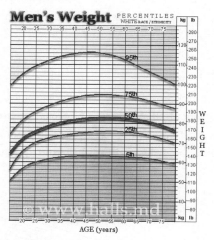

Fig 8.20 - Percentis 5, 25 50, 75 e 90, para homens entre 15 e 80 anos. Gráfico retirado do site http://halls.md/average-weight-men/

Iremos segmentar o modelo em 4 fases. Cada uma dessas fases apresenta uma dinâmica específica para variação do peso.

9.5.1 Crianças - de 0 a 200 dias

O gráfico da evolução do percentil nos primeiros 200 dias de vida é dado na seguinte figura.

9 Introdução à Modelagem Matemática

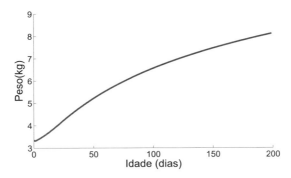

Fig 8.21 - Gráfico dos dados referentes ao percentil 50 da evolução em peso de uma criança do sexo masculino nos 200 primeiros dias de vida.
Fonte: http://www.who.int/childgrowth/standards/en/

O modelo de Von Bertalanffy se adequa bem às características da curva da figura 8.21 já que este apresenta um ponto de inflexão e uma tendência assintótica. O modelo de Von Bertalanffy é dado pela seguinte equação diferencial [6]:

$$\frac{dp}{dt} = \alpha p^\gamma - \beta p \qquad (9.5.1)$$

cuja solução analística é dada por

$$p(t) = \left[\frac{\alpha}{\beta} + Ce^{-\beta(1-\gamma)t} \right]^{\frac{1}{1-\gamma}} \qquad (9.5.2)$$

onde $C = P_0^{(1-\gamma)} - P_\infty^{1-\gamma}$.

Note que a equação 9.5.2 possui alguns parâmetros indeterminados, são eles: γ, β, α e C, onde γ é o coeficiente de alometria, β é o coeficiente de catabolismo e α é o coeficiente de metabolismo. O nosso objetivo é determinar o valor desses parâmetros de modo que a equação 9.5.2 se ajuste da melhor forma possível aos dados apresentados na figura 8.21.

Algumas informações adicionais, provenientes dos dados e do modelo, podem auxiliar na determinação desses parâmetros. Por exemplo, fazendo $\frac{dp}{dt} = 0$, encontramos o peso de estabilidade para o período considerado. Seja P_∞ este valor, então:

---

[6] O modelo de Von Bertalanffy foi proposto originalmente para o estudo do crescimento em peso de peixes. Este modelo comporta duas parcelas distintas para a variação do peso: Seu crescimento é proporcional a sua forma alométrica p^γ e seu decrescimento se dá por perda de energia que é traduzida pela parcela proporcional ao próprio peso.

9 Introdução à Modelagem Matemática

$$\frac{dp}{dt} = \alpha P_\infty^\gamma - \beta P_\infty = 0 \Rightarrow P_\infty = \left[\frac{\alpha}{\beta}\right]^{\frac{1}{1-\gamma}} \tag{9.5.3}$$

Manipulando a equação 9.5.3 obtemos:

$$\alpha = \beta P_\infty^{1-\gamma} \tag{9.5.4}$$

Substituindo a relação 9.5.4 na solução do modelo, equação 9.5.2, obtemos:

$$p(t) = \left[P_\infty^{1-\gamma} + C e^{-\beta(1-\gamma)t}\right]^{\frac{1}{1-\gamma}} \tag{9.5.5}$$

Além disso, sabemos que o ponto de inflexão (P_{inf}) de uma função é dado pela máxima variação da mesma, em termos matemáticos, isso significa encontrar o ponto de máximo da função $\frac{dp}{dt}$. Para isso, calculamos a segunda derivada e igualamos a zero, obtendo:

$$0 = \frac{d^2p}{dt^2} = \alpha\gamma p^{\gamma-1}\frac{dp}{dt} - \beta\frac{dp}{dt} = \frac{dp}{dt}\left[\alpha\gamma p^{\gamma-1} - \beta\right] \Longrightarrow p^{\gamma-1} = \left[\frac{\beta}{\alpha}\frac{1}{\gamma}\right]^{\frac{1}{\gamma-1}} \tag{9.5.6}$$

Note que para realizarmos os cálculos anteriores utilizamos a regra da cadeia. Considerando o valor de P_∞ obtido em 9.5.3, temos

$$P_{inf} = \gamma^{1-\gamma} P_\infty \tag{9.5.7}$$

Os valores de P_{inf} e P_∞ podem ser determinados pelos dados tabelados. Para determinarmos P_{inf} aplicamos o seguinte raciocínio:

Temos uma tabela que relaciona a idade com o peso (Por simplicidade e viabilidade, representamos os dados desta tabela na figura 8.19, vamos denotar por P_n o peso de uma criança com n dias de vida. Fazendo

$$\Delta(n) = P_{n+1} - P_n \tag{9.5.8}$$

determinamos a idade de inflexão como sendo o valor de n tal que $\Delta(n)$ é máximo. Com uma simples planilha de cálculo é fácil determinar esse valor. No caso dos nossos dados, obtemos $n = 23$ como sendo a idade de inflexão, e o peso de inflexão é dado por $P_{23} = 4.105Kg$.

9 Introdução à Modelagem Matemática

Analisando o comportamento do gráfico oriundo dos dados, iremos considerar que $P_\infty = 8.65 Kg$. Este valor é intuitivo, baseado simplesmente no comportamento assintótico do gráfico da Figura 8.21, portanto existe uma certa dúvida quanto a sobre esse valor, como poderíamos lidar com isso? Pense nisso !

Substituindo P_∞ e P_{inf} em 9.5.7 obtemos uma equação com uma única variável, γ. Note que na equação 9.5.7 não existe uma maneira analítica de determinarmos γ, porém, aplicando técnicas numéricas para determinar as raizes de

$$f(\gamma) = 4.105 - \gamma^{1-\gamma} 8.65 \qquad (9.5.9)$$

obtemos $\gamma_1 = 0.3348$ e $\gamma_2 = 2.0288$. De acordo com os experimentos, verificamos que o valor de γ_2 se adequa melhor aos nossos dados.

Considerando este valor podemos calcular C.

$$C = 3.346^{1-2.0288} - 8.65^{1-2.0288} = 0.178 \qquad (9.5.10)$$

Assim, podemos substituir γ, C e P_∞ na equação (9.5.5), obtendo assim

$$P(t) = [0.1106 + 0,1780 e^{1.0288 \beta t}]^{-0.972} \qquad (9.5.11)$$

Portanto, para obtermos o modelo, basta determinarmos o valor de β. Para isso, vamos aplicar uma técnica de ajuste de curvas aos dados apresentados na Figura 8.21. Sendo assim, obtemos o seguinte gráfico:

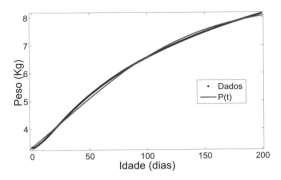

Fig 8.22 - Comparação entre os dados tabelados e o modelo $P(t)$ obtido.

Pelo ajuste de curva, obtemos $\beta = -0.01634$. Portanto, temos o modelo final dado por

$$P(t) = [0.1106 + 0,1780e^{-0.0168t}]^{-0.972} \qquad t \in [0, 200] \qquad (9.5.12)$$

9.5.2 Meninos - de 200 dias a 9 anos

A tendência de estabilização do peso não é confirmada após os 200 dias de vida. Ao invés de estabilizar (o que seria muito estranho, já que a tendência natural é que as pessoas cresçam neste período), o peso aumenta linearmente em relação à idade do indivíduo. A figura 8.23 apresenta os dados desse comportamento.

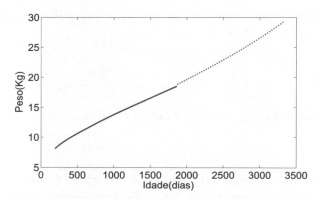

Fig 8.23 - Dados do peso de crianças entre 200 dias e 9 anos.
Até os 5 anos os dados são diários e dos 5 aos 9 anos os dados são mensais.

Portanto, o melhor modelo para essa fase é o modelo linear, isto é, buscaremos encontrar a função $P_2(t) = at + b$, que mais se aproxime dos pontos plotados no gráfico. Entretanto, existe uma restrição. A evolução do peso ao longo dos anos é sempre contínua, isto significa que não podemos dar um salto de uma fase para outra; portanto, a reta que modela a segunda fase deve começar no último ponto modelado pela exponencial da fase 1.

O último ponto do modelo da fase 1 é $P(200) = 8.136$ Kg, isto é, segundo o modelo, o ser humano atinge o peso de $8.136 Kg$ aos 200 dias de idade. Portanto, devemos iniciar o modelo da fase 2 neste ponto, ou seja, o modelo linear possui a seguinte restrição.

$$8.136 = 200a + b \qquad (9.5.13)$$

9 Introdução à Modelagem Matemática

com a relação obtida acima, podemos definir o parâmetro b em função do parâmetro a. Substituindo no modelo linear, obtemos

$$P(t) = at + (8.136 - 200a) = a(t - 200) + 8.136 \qquad (9.5.14)$$

Portanto, precisamos encontrar o valor de a que mais aproxime a equação 9.5.14 dos pontos do gráfico 8.23 Para isso, podemos aplicar um método chamado **mínimos quadrados**. Aplicar o método dos mínimos quadrados significa determinarmos a de modo que o seguinte somatório seja minimizado:

$$\min_{a \in \mathbb{R}} = \sum_{i=1}^{1657} (y_i - a(t_i - 200) + 8.136))^2 = \min_{a \in \mathbb{R}} f(a) \qquad (9.5.15)$$

Note que y_i são os valores tabelados dos pesos para a idade entre 200 dias e 5 anos. Como possuímos dados diários, nosso banco de dados possui 1657 instâncias. Minimizar este somatório significa diminuir a soma da diferença absoluta entre os dados e o modelo ajustado.

A expressão no argumento do somatório é chamada de erro. Para determinarmos o a que minimiza $f(a)$, podemos utilizar um teorema do cálculo que garante que num ponto de mínimo de uma função contínua temos a seguinte igualdade:

$$\frac{df}{da}(a) = 0 \qquad (9.5.16)$$

Aplicando esta propriedade à equação 9.5.15, obtemos:

$$\frac{df}{da}(a) = \sum_{i=1}^{1625} 2(y_i - a(t_i - 200) + 8.136))(t_i - 200)$$

$$0 = \sum_{i=1}^{1625} 2y_i(t_i - 200) - 2a(t_i - 200)^2 + 16.272(t_i - 200)$$

$$2a \sum_{i=1}^{1625} (t_i - 200)^2 = \sum_{i=1}^{1625} 2y_i(t_i - 200) + 16.272(t_i - 200)$$

$$a = \frac{\sum_{i=1}^{1625} 2y_i(t_i - 200) + 16.272(t_i - 200)}{2\sum_{i=1}^{1625}(t_i - 200)^2}$$

Portanto, basta executarmos os cálculos e encontramos o valor de a. Note que é inviável realizar estes cálculos manualmente, para isso, é bastante conveniente utilizar-

9 Introdução à Modelagem Matemática

mos uma planilha de cálculos (Por exemplo, o Excel da Microsoft) para realizarmos as contas necessárias.

Como resultado, obtemos $a = 0.006596$, portanto, o modelo para crescimento em peso de uma criança pode ser reescrito como:

$$P(t) = 0.006596(t - 200) + 8.136 = 0.006596t - 1.2655 \qquad (9.5.17)$$

O gráfico do modelo obtido juntamente com os dados disponíveis é dado por:

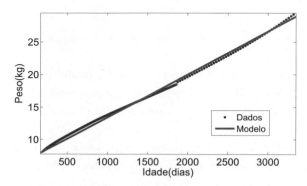

Fig 8.24 - Comparação entre os dados e o modelo obtido.
Note que a aproximação linear dos dados é bastante eficiente.

9.5.3 Jovens - de 9 a 20 anos

Nesta fase, a dinâmica de crescimento deixa de ser linear e ocorre um aumento da velocidade do crescimento em peso. O ápice da velocidade ocorre em torno dos 14 e 15 anos de idade após essa idade, o crescimento em peso volta a se desacelerar apresentando uma tendência assintótica. Confira este comportamento na Figura 8.25

9 Introdução à Modelagem Matemática

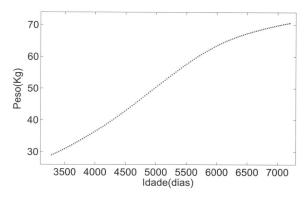

Fig 8.25 - Dados do crescimento em peso do homem entre 9 e 20 anos de idade. Os dados apresentados são mensais. Fonte: http://www.cdc.gov/growthcharts.

Pelo comportamento dos dados da Figura 8.24 e do gráfico da Figura 8.25, podemos inferir que o valor de estabilização, P_∞, está em torno de 82kg. Além disso, na Figura 8.25 notamos que a dinâmica do crescimento em peso segue um comportamento similar ao da curva logística neste período da vida. O modelo logístico é representado por uma equação diferencial cuja solução é dada por:

$$P(t) = \frac{P_\infty P_0}{(P_\infty - P_0)e^{-r(t-3285)} + P_0} \qquad (9.5.18)$$

onde P_∞ é o ponto de estabilização da função e P_0 é o valor inicial.

Da mesma forma como fizemos na fase anterior, temos que garantir a continuidade do modelo. Para isso, tomaremos como ponto inicial o ponto final do modelo referente à fase 2. Neste caso, teremos $P_0 = P(3285) = 28,4754$ Kg.

Sendo assim, a equação que deve ser ajustada pode ser escrita da seguinte forma:

$$P(t) = \frac{2335}{(53,5246)e^{r(t-3285)} + 28,4754} \qquad (9.5.19)$$

Portanto, o único parâmetro a ser determinado é r. Aplicando a técnica de mínimos quadrados (Neste caso não é fácil obter uma solução do problema, como fizemos na fase 2), obtemos $r = -0.0006583$. O gráfico do modelo e dos dados pode ser visto na Figura 8.26.

9 Introdução à Modelagem Matemática

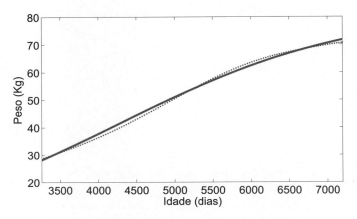

Fig 8.26 - Gráfico comparativo entre os dados do crescimento em peso de jovens homens entre 9 e 20 anos e o modelo obtido pela técnica dos mínimos quadrados.

Sendo assim, o modelo obtido para a terceira fase pode ser escrito como

$$P(t) = \frac{2335}{(53.5246)e^{-0.0006583(t-3285)} + 28.4754} \quad (9.5.20)$$

Exercício. Segundo o modelo da equação 9.5.20, em qual idade ocorre a máxima variação do peso? Quais fatos biológicos poderiam justificar essa idade de máxima variação do peso? Qual é a relação entre o peso de inflexão e o peso assintótico?

9.5.4 Adultos - de 20 a 80 anos ou mais

Nesta fase a variação do peso segue um comportamento parabólico. Como sabemos, a equação da parábola é dada por

$$P(t) = at^2 + bt + c \quad (9.5.21)$$

Nesta fase trabalharemos com o gráfico da figura 8.20, neste caso não teremos uma tabela de pontos, iremos extrair essa tabela através das informações do gráfico 8.20.

Idade	20	25	30	35	40	45	50	55	60	65	70	75	80
Peso	72	76	78.5	80	81	82	83	83	82.5	82	80	79	76

Tabela 8.11 - Dados extraídos visualmente do gráfico da Figura 8.20.

9 Introdução à Modelagem Matemática

Podemos constatar que o peso atinge seu valor máximo em torno dos 55 anos de idade. Sendo assim, considerando que o modelo será dado pela equação 9.5.21, pelas propriedades da equação quadrática, podemos garantir que $a < 0$. Além disso, calculando a derivada e igualando a zero, temos:

$$\frac{dP(t)}{dt} = 2at + b = 0 \Rightarrow t = \frac{-b}{2a} \qquad (9.5.22)$$

Pelo gráfico, sabemos que o máximo do peso é atingido aos 55 anos (19800 dias); sendo assim, substituindo este valor na equação acima, temos

$$b = -39600a \qquad (9.5.23)$$

Substituindo este valor em 9.5.21, temos um novo modelo, com apenas dois parâmetros a serem determinado.

$$P(t) = at^2 - 39600at + c \qquad (9.5.24)$$

Além disso, para manter a continuidade do modelo, temos a restrição de que aos 7200 dias (20 anos) de vida, o modelo da fase 3 indica que o peso do indivíduo deve ser 71.7521kg; logo, devemos adicionar essa restrição ao modelo da seguinte forma

$$71.7521 = 7200^2 a - 285120000a + c$$
$$71.7521 = -233280000a + c$$
$$71.7521 + 233280000a = c$$

Portanto,

$$P(t) = at^2 - 39600at + 233280000a + 71.7521 = a(t^2 - 39600t + 233280000) + 71.7521$$

Sendo assim, nosso desafio é descobrir qual é o valor de $a < 0$ que melhor se ajusta aos pontos tabelados. Este problema é bastante análogo ao que foi feito na fase 2. Aplicando o método de mínimos quadrados chegamos em $a = -0.0000000709$; portanto, o modelo da fase 4 é

9 Introdução à Modelagem Matemática

$$P(t) = -0.0000000709(t^2 - 39600t + 233280000) + 71.7521 \qquad (9.5.25)$$

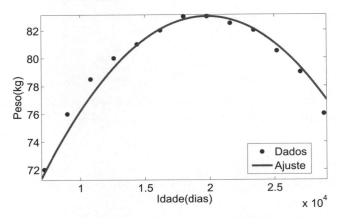

Fig. 8.27 - Ajuste da parábola aos dados da fase adulta.

Nesta última fase o ajuste não foi tão preciso quanto nas outras fases. Isso devido ao fato de termos trabalhado com dados e restrições oriundas de dados imprecisos.

Projetos

- **Projeto 1:** Realize o mesmo procedimento apresentado para modelar o crescimento em altura do ser humano.

  Consulte o site http://www.who.int/childgrowth/standards/en/ para acessar os dados de crescimento em altura.

- **Projeto 2:** Crie um modelo que relacione o crescimento em altura com o crescimento em peso.

- **Projeto 3:** O Modelo global apresentado é referente ao percentil 50. Baseando-se no seu peso de nascimento, identifique a qual percentil você pertencia ao nascer (consulte o site http://www.who.int/childgrowth/standards/en/) e faça um modelo para esse percentil. Você ainda permanece nesse percentil ? Qual é a previsão do seu peso daqui a 10 anos ? Qual o peso máximo que você irá atingir ao longo da vida ?

- **Projeto 4:** Utilize um único modelo logístico para estudar o crescimento em peso entre 0 e 55 anos de idade.

9 Introdução à Modelagem Matemática

- **Projeto 5:** Faça um estudo semelhante para modelar a evolução do peso das mulheres.

10 Apêndice

Casa no Jalapão (foto de Betina Bassanezi)

"A educação inspirada nos princípios da liberdade e da solidariedade humana tem por fim o preparo do indivíduo e da sociedade para o domínio dos recursos científicos e tecnológicos que lhes permitem utilizar as possibilidades e vencer as dificuldades do meio."

Lei 4024 - 20/12/61

10 Apêndice

10.1 Regra de L'Hôpital

A regra de L'Hôpital é um processo que facilita o cálculo de limites de funções racionais que são das formas indeterminadas $\frac{0}{0}$ ou $\frac{\infty}{\infty}$. Esse tipo de problema aparece com muita frequência quando calculamos derivadas de funções elementares, usando a definição. Um resultado fundamental que permite obter a regra de L'Hôpital é o seguinte:

Lema 1. *de Cauchy: Sejam $f(x)$ e $g(x)$ contínuas em $[a,b]$ e diferenciáveis em (a,b). Se $g'(x) \neq 0$ para todo $x \in (a,b)$, então existe $c \in (a,b)$, tal que*

$$\frac{f(b)-f(a)}{g(b)-g(a)} = \frac{f'(c)}{g'(c)}$$

Demonstração: $k = \frac{f(b)-f(a)}{g(b)-g(a)}$ é um número bem definido, isto é, $g(b) \neq g(a)$; caso contrário, existiria um ponto $c \in [a,b]$ tal que $g'(c) = 0$ (Teorema de Rolle) o que contraria a hipótese.

Vamos construir a seguinte função auxiliar:

$$F(x) = f(x) - f(a) - k[g(x) - g(a)]$$

Temos que $F(x)$ é contínua em $[a,b]$ e diferenciável em (a,b), satisfazendo $F(a) = 0$ e $F(b) = 0$. Logo, pelo Teorema de Rolle aplicado a F, temos que existe um ponto $c \in [a,b]$ tal que $F'(c) = 0$, ou seja,

$$f'(c) - kg'(c) = 0 \Longrightarrow k = \frac{f'(c)}{g'(c)}$$

portanto,

$$\frac{f(b)-f(a)}{g(b)-g(a)} = \frac{f'(c)}{g'(c)}$$

Teorema 28. *de L'Hôpital: Sejam $f(x)$ e $g(x)$ contínuas em $[a,b]$ e diferenciáveis em (a,b). Se $f(x_0) = g(x_0) = 0$ e existe o limite $\lim\limits_{x \to x_0} \dfrac{f'(x)}{g'(x)}$, então,*

$$\lim_{x \to x_0} \frac{f(x)}{g(x)} = \lim_{x \to x_0} \frac{f'(x)}{g'(x)} \tag{10.1.1}$$

Demonstração: Sejam x e x_0 pontos de $[a,b]$, com $x > x_0$. As funções f e g satisfazem

10 Apêndice

o Lema de Cauchy no intervalo $[x_0, x]$, portanto existe $c \in [x_0, x]$, tal que

$$\frac{f(x) - f(x_0)}{g(x) - g(x_0)} = \frac{f'(c)}{g'(c)} \Longrightarrow \frac{f(x)}{g(x)} = \frac{f'(c)}{g'(c)} \text{ pois } f(x_0) = g(x_0) = 0.$$

Temos também que $c \to x_0$ quando $x \to x_0$ pois $x_0 \leqslant c \leqslant x$, então

$$\lim_{x \to x_0} \frac{f(x)}{g(x)} = \lim_{c \to x_0} \frac{f'(c)}{g'(c)} = \lim_{x \to x_0} \frac{f'(x)}{g'(x)} \text{ que existe por hipótese.}$$

Observamos que, se no início da demonstração tivéssemos tomado x e x_0 pontos de $[a, b]$, com $x < x_0$, a demonstração seria análoga pois os limites laterais coincidem.

Obs.:

(1) O Teorema ainda vale mesmo que as funções f e g não sejam definidas para $x = x_0$, desde que $\lim_{x \to x_0} f(x) = \lim_{x \to x_0} g(x) = 0$.

(2) Se $f(x_0) = g(x_0) = 0$ e também $f'(x_0) = g'(x_0) = 0$ com f' e g' satisfazendo as condições da Regra de L'Hôpital, então

$$\lim_{x \to x_0} \frac{f(x)}{g(x)} = \lim_{x \to x_0} \frac{f'(x)}{g'(x)} = \lim_{x \to x_0} \frac{f''(x)}{g''(x)}$$

(3) Se $\lim_{x \to \infty} f(x) = \lim_{\infty} g(x) = 0$ e $\lim_{x \to \infty} g'(x) \neq 0$, então

$$\lim_{x \to \infty} \frac{f(x)}{g(x)} = \lim_{x \to \infty} \frac{f'(x)}{g'(x)}$$

Demonstração: Considerando a mudança de variável $u = \frac{1}{x} \Longrightarrow u \to 0$ quando $x \to \infty$, podemos escrever:

$$\lim_{x \to \infty} \frac{f(x)}{g(x)} = \lim_{t \to 0} \frac{f(\frac{1}{t})}{g(\frac{1}{t})} = \lim_{t \to 0} \frac{-\frac{1}{t^2} f'(\frac{1}{t})}{-\frac{1}{t^2} g'(\frac{1}{t})} = \lim_{t \to 0} \frac{f'(\frac{1}{t})}{g'(\frac{1}{t})} = \lim_{x \to \infty} \frac{f'(x)}{g'(x)}$$

(4) Se $f(x)$ e $g(x)$ são contínuas e diferenciáveis em todo ponto x numa vizinhança de x_0. Sejam $g'(x) \neq 0$ e $\lim_{x \to x_0} f(x) = \lim_{x \to x_0} g(x) = \infty$. Se $\lim_{x \to x_0} \frac{f'(x)}{g'(x)}$ existir, então

$$\lim_{x \to x_0} \frac{f(x)}{g(x)} = \lim_{x \to x_0} \frac{f'(x)}{g'(x)}$$

Demonstração: (Veja Piskunov, p. 147)

10 Apêndice

Exemplos.

(1) Mostrar que

$$\lim_{x \to 0} \frac{senx}{x}$$

Solução: As funções $f(x) = \sin x$ e $g(x)$ satisfazem as condições da Regra de L'Hôpital (verifique), logo

$$\lim_{x \to 0} \frac{senx}{x} = \lim_{x \to 0} \frac{\cos x}{1} = 1$$

(2) Calcular o limite

$$\lim_{x \to 0} \left[\frac{1}{x} - \frac{\cos x}{senx} \right]$$

Solução: Esse limite é da forma indeterminada $\infty - \infty$, entretanto podemos escrever

$$\lim_{x \to 0} \left[\frac{1}{x} - \frac{\cos x}{senx} \right] = \lim_{x \to 0} \left[\frac{senx - x\cos x}{xsenx} \right] = \lim_{x \to 0} \left[\frac{senx - x\cos x}{xsenx} \right] \cdot \lim_{x \to 0} \frac{senx}{x}$$

$$= \lim_{x \to 0} \frac{senx - x\cos x}{x^2} = \lim_{x \to 0} \frac{\cos x - (-xsenx + \cos x)}{2x} =$$

$$= \lim_{x \to 0} \frac{senx}{2} = 0$$

Resolva esse exemplo, aplicando o Teorema de L'Hôpital logo no início, sem multiplicar por $\lim_{x \to 0} \frac{senx}{x}$.

(3) Calcular

$$\lim_{x \to \infty} \frac{ax^2 + b}{cx^2 + d}$$

Solução:

$$\lim_{x \to \infty} \frac{ax^2 - b}{cx^2 + d} = \lim_{x \to \infty} \frac{2ax}{2cx} = \frac{a}{c}$$

Obs.: Mesmo que $\lim_{x \to x_0} \frac{f(x)}{g(x)}$ seja da forma $\frac{0}{0}$, é necessário que exista o $\lim_{x \to x_0} \frac{f'(x)}{g'(x)}$ para que se possa aplicar a Regra de L'Hôpital. Senão, vejamos:

Temos que

$$\lim_{x \to \infty} \frac{x + senx}{x} = \lim_{x \to \infty} \left[1 + \frac{senx}{x} \right] = 1 + \lim_{x \to \infty} \frac{senx}{x} = 1$$

Por outro lado, o quociente das derivadas, isto é, $\frac{1 + \cos x}{1} = 1 + \cos x$, não se aproxima de nenhum limite, pois oscila entre os valores 0 e 2 quando $x \to \infty$.

10 Apêndice

10.2 Fórmula de Taylor

Seja $f(x)$ uma função contínua em $[a,b]$ e diferenciável até a ordem $n-1$ em (a,b). Seja $x_0 \in (a,b)$, nosso objetivo é encontrar um polinômio $P_n(x)$ de grau não superior a n, satisfazendo:

$$P_n(x_0) = f(x_0); P'_n(x_0) = f'(x_0); P''_n(x_0) = f''(x_0); ...; P_n^{(n)}(x_0) = f^{(n)}(x_0). \qquad (10.2.1)$$

É de se esperar que tal polinômio seja, em certo sentido, uma aproximação da função $f(x)$. Para satisfazer (9.2.1), o polinômio deve ser do tipo

$$P_n(x) = C_0 + C_1(x - x_0) + C_2(x - x_0)^2 + ... + C_n(x - x_0)^n \qquad (10.2.2)$$

com valores específicos para os coeficientes C_i :

Calculando as derivadas de $P_n(x)$, obtemos:

$$\begin{cases} P'_n(x) = C_1 + 2C_2(x - x_0) + 3C_3(x - x_0)^2... + nC_n(x - x_0)^{n-1} \\ P''_n(x) = 2C_2 + 3.2C_3(x - x_0) + ... + n(n-1)C_n(x - x_0)^{n-2} \\ P_n^{(3)}(x) = 3.2C_3 + ... + n(n-1)(n-2)C_n(x - x_0)^{n-3} \\ \hdots \\ P_n^{(n)}(x) = n(n-1)(n-2)...(n-n+1)C_n = n!C_n \end{cases} \implies \begin{cases} P'_n(x_0) = C_1 \\ P''_n(x_0) = 2C_2 \\ P_n^{(3)}(x_0) = 3.2C_3 \\ \hdots \\ P_n^{(n)}(x) = n!C_n \end{cases}$$

$$\implies \begin{cases} C_0 = f(x_0) \\ C_1 = f'(x_0) \\ C_2 = \frac{f''(x_0)}{2} \\ C_2 = \frac{f^{(3)}(x_0)}{2.3} \\ \hdots \\ C_n = \frac{f^{(n)}(x_0)}{n!} \end{cases}$$

Substituindo esses valores em 10.2.2, vem

$$P_n(x) = f(x_0) + f'(x_0)(x - x_0) + \frac{f''(x_0)}{2}(x - x_0)^2 + \frac{f^{(3)}(x_0)}{2.3}... + \frac{f^{(n)}(x_0)}{n!}(x - x_0)^n \quad (10.2.3)$$

Seja $R_n(x)$ a diferença entre a função $y = f(x)$ e o polinômio $P_n(x)$, isto é,

$$f(x) = f(x_0) + f'(x_0)(x - x_0) + \frac{f''(x_0)}{2}(x - x_0)^2 + \frac{f^{(3)}(x_0)}{2.3}... + \frac{f^{(n)}(x_0)}{n!}(x - x_0)^n + R_n(x) \quad (10.2.4)$$

10 Apêndice

Quando o *resto* $R_n(x)$ é pequeno, o polinômio $P_n(x)$ é uma "aproximação da função $f(x)$". O resto pode ser dado pela *fórmula de Lagrange*

$$R_n(x) = \frac{(x-x_0)^{n+1}}{(n+1)!} f^{(n+1)}(\xi) \qquad (10.2.5)$$

onde ξ está entre os valores x e $x_0 \implies \xi = x_0 + \theta(x-x_0)$. Dessa forma, podemos escrever 10.2.4 como

$$f(x) = f(x_0) + f'(x_0)(x-x_0) + \frac{f''(x_0)}{2}(x-x_0)^2 + \frac{f^{(3)}(x_0)}{2.3}(x-x_0)^3 + ...$$
$$+ \frac{f^{(n)}(x_0)}{n!}(x-x_0)^n + \frac{(x-x_0)^{n+1}}{(n+1)!} f^{(n+1)}(x_0 + \theta(x-x_0))$$

A expressão acima é denominada *Expansão de Taylor de f(x)* em torno do ponto x_0.

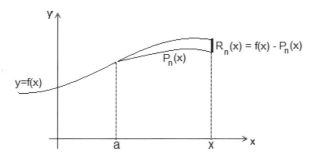

Fig. 9.1 - Expansão de Taylor e a função

Se $x_0 = 0$, a expansão de Taylor é dada por:

$$f(x) = f(0) + f'(0)x + \frac{f''(0)}{2}x^2 + \frac{f^{(3)}(0)}{2.3}x^3 ... + \frac{f^{(n)}(0)}{n!}x^n + \frac{x^{n+1}}{(n+1)!} f^{(n+1)}(\theta x) \quad (10.2.6)$$

A expressão 10.2.6 é denominada *Série de McLaurin*.

Exemplo. (a) Expansão da função $f(x) = senx$ em Série de McLaurin

$f(x) = senx$ $\qquad\qquad f(0) = 0$
$f'(x) = \cos x = sen(x + \frac{\pi}{2})$ $\qquad f'(0) = 1$
$f''(x) = -senx = sen(x + 2\frac{\pi}{2})$ $\qquad f''(0) = 0$
$f^{(3)}(x) = -\cos x = sen(x + 3\frac{\pi}{2})$ $\qquad f^{(3)}(0) = -1$

10 Apêndice

$$f^{(4)}(x) = senx = sen(x + 4\tfrac{\pi}{2}) \qquad\qquad f^{(4)}(0) = 0$$

....

$$f^{(n)}(x) = sen(x + n\tfrac{\pi}{2}) \qquad\qquad f^{(n)}(0) = \tfrac{n\pi}{2}$$
$$f^{(n+1)}(x) = sen(x + (n+1)\tfrac{\pi}{2}) \qquad\qquad f^{(n+1)}(\xi) = sen(\xi + (n+1)\tfrac{\pi}{2})$$

Substituindo esses valores em 10.2.6, vem

$$senx = x - \frac{1}{3!}x^3 + \frac{1}{5!}x^5 + ... + \frac{1}{n!}x^n sen\frac{n\pi}{2} + \frac{1}{(n+1)!}x^{n+1} sen\left[\xi + (n+1)\frac{\pi}{2}\right]$$

Observamos que $\lim\limits_{n\to\infty} R_n(x) = \lim\limits_{n\to\infty} \dfrac{1}{(n+1)!}x^{n+1} sen\left[\xi + (n+1)\dfrac{\pi}{2}\right] = 0$ para todo $x \in \mathbb{R}$

pois $\left|sen\left[\xi + (n+1)\frac{\pi}{2}\right]\right| \leqslant 1$.

(b) Seja $x = \frac{\pi}{9}$, o erro cometido quando se toma $n = 3$ na Série de McLaurin de $f(x) = senx$, dado por

$$R_3(\frac{\pi}{9}) = \frac{1}{4!}\left(\frac{\pi}{9}\right)^4 sen[\xi + 2\pi] \leqslant 0,0006$$

Exercício. 1) Mostre que

$$\cos x = \sum_{i=0}^{n} \frac{(-1)^n}{(2n)!}x^{2n} + R_n(x)$$

2) (a) Escreva a Série de McLaurin da função $f(x) = e^x$.
(b) Calcule o valor aproximado de $f(1) = e$ com $n = 4$.

10 Apêndice

10.3 Simulação de provas

P1 - **Prova de FUV (UFABC, 2012)**

1. Estude a função

$$f(x) = \frac{x^2 + 1}{x - 2}$$

- Classificação, domínio, raízes, crescimento, assíntotas, concavidade, gráfico.

2. Enuncie os seguintes teoremas e dê exemplos de aplicações e contraexemplos quando as hipóteses não se verificam:

a) Teorema de Weiertrass;

b) Teorema de Rolle;

c) Teorema de Lagrange (Teorema da Média).

3. Verifique a validade da seguinte proposição: *"Uma função f(x) é contínua em um ponto x_0 se, e somente se, existe a derivada de f em x_0"*.

-Se for verdade, demonstre; se for falsa dê contraexemplos.

4. (a) Calcule os limites

$$\lim_{x \to 0} \frac{\cos x - 1}{x}$$

$$\lim_{x \to 1} \frac{\left|x^2 - 1\right|}{x - 1}$$

(b) Calcule a derivada de $f(x) = \frac{\cos x - 1}{x}$ nos pontos $x_1 = \frac{\pi}{2}$ e $x_2 = 0$;

(c) Verifique se a função $f(x) = \frac{|x^2 - 1|}{x - 1}$ tem derivada no ponto $x = -1$.

5. Optativa: Escreva sobre o que quiser (preferencialmente sobre a matéria de Cálculo).

P2 - **Segunda Prova de FUV (UFABC, Primeiro trimestre/2012)**

1. Estude a função

$$f(x) = \frac{x^2 - 1}{|x - 1|}$$

2. Um quadrado de papelão tem 30cm de lado. Desejamos construir uma caixa sem tampa, cortando quadrados dos 4 cantos do papelão e dobrando (veja figura). Determine as dimensões da caixa de modo que seu volume seja máximo (e mínimo?).

10 Apêndice

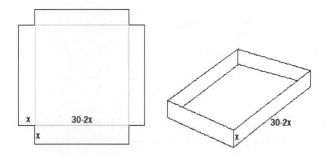

3. Seja $h(t)$ a altura de uma árvore com t anos. Se a variação da altura desta árvore é proporcional à diferença entre seu tamanho atual e a altura máxima H que deverá atingir, determine sua altura quando $t = 2$ anos. Sabemos que a altura máxima é $H = 10$m e que sua altura é $2m$ quando $t = 1$ ano.

Sugestão: considere $h(0) \simeq 0$.

4. Determine a área entre as curvas

$$\begin{cases} f_1(x) = \frac{2}{x}; \\ f_2(x) = x + 1; \\ x = 0 \,;\ x = 10 \text{ e } y = 0 \end{cases}$$

Faça um esboço do problema.

5. Considere a região A do plano limitada pelos eixos coordenados e pela reta

$$y = 2 - kx$$

Determine o valor de k de modo que os sólidos de revolução, obtidos pela rotação de A em torno dos dois eixos, sejam iguais.

As 2 questões seguintes valem metade de uma anterior e são optativas:

6. Calcule a equação da reta tangente à curva

$$f(x) = \ln x$$

no ponto $P = (1, 0)$.

7. Verifique se

$$\int_0^x \left(1 - e^{-t}\right) dt = x + e^{-x} - 1$$

10 Apêndice

8. Dê as definições de funções reais, limite, derivada e integral com exemplos.

Exame de FUV

1. Estude a função

$$f(x) = \frac{x^2 - 1}{x^2 + 1}$$

2. Determine as equações das retas tangente e normal à curva

$$y = x^3 - 2x^2 + 1$$

no ponto de inflexão de f.

3. Encontre as coordenadas do ponto sobre a reta

$$f(x) = 3 - 2x$$

que estão mais próximas do ponto $P = (0,0)$.

Faça um esboço do problema.

4. Determine a área entre as curvas

$$y = x^2 \ \text{ e } \ y = \sqrt{x}$$

5. Considere a região $\mathcal{R}$ do plano limitada pelas curvas do exercício anterior.

Determine o volume dos sólidos obtidos pela rotação de $\mathcal{R}$ em torno do eixo-x e eixo-y.

6. Mostre que

$$\lim_{x \to 2} \left(x^2 - 1 \right) = 3$$

7. Considere uma função

$$f : [a,b] \to \mathbb{R}$$

a) Defina continuidade de f num ponto P da curva f;

b) Defina derivada de f num ponto $P : (x,y)$ da curva.

11 REFERÊNCIAS

[1] Bassanezi, R. C. Ensino-aprendizagem com modelagem matemática. São Paulo: Contexto, 2002.

[2] Bassanezi, R. C. Modelagem matemática: teoria e prática. São Paulo: Contexto, 2015.

[3] Ferreira, J. A construção dos números. Rio de Janeiro: SBM, 2011.

[4] Garbi, G. G. O romance das equações algébricas. São Paulo: Livraria da Física, 2009.

[5] Lima, E. L. et al. A equação do terceiro grau. Revista Matemática universitária. São Paulo, 1987, n. 5, pp. 9-23.

[6] Maor, E. A história de um número. Rio de Janeiro: Record, 2003.

[7] Marques, S. P. A. População brasileira e frota de carros. Santo André, 2013. Dissertação (Mestrado em Matemática) - Profmat, Universidade Federal do ABC.

[8] Piskunov, N. S.; Yankovsky, G. Differential and integral calculus. Moscou: MIR Publishers, v. 1, 1974.

[9] Grupo de Professores da Rede. Índice de criminalidade do ABCD. Santo André, 2011. Trabalho de conclusão de Curso de Especialização.

[10] Alguns fatos históricos sobre os limites. Disponível em: $http://ecalculo.if.usp.br/historia/historia_limites.htm$. Acesso em: 22 jun. 2015.

[11] Tahan, Malba. O homem que calculava. Rio de Janeiro: Record, v. 10, 2010.

[12] Sodré, Ulysses. Método de Tartaglia para obter raízes de equação do 3o grau. Disponível em: $http://pessoal.sercomtel.com.br/matematica/medio/polinom/tartaglia.h$ Acesso em: 22 jun. 2015.

[13] White, John. Yeast technology. Michigan: Chapman & Hall, 1954.